环境监测设计与优化方法

江志华　叶海仁　编著

海洋出版社

2016年·北京

内 容 简 介

本书根据当前环境监测的实际需求，以环境统计学原理为基础，全面阐述环境监测设计与优化的原理、程序和方法，提出了一套完整的环境监测设计与优化标准操作程序，系统地论述了环境监测边界、监测参数、采样站点、采样时间频率等的设计与优化方法，分析每种方法的适用范围、优势、限制和操作方法，提出了环境监测设计的文件说明格式。

本书有较强的实用性，可供环境管理者、环境研究人员、环境保护技术工作者及高等院校环境保护类专业教师和学生阅读参考。

图书在版编目（CIP）数据

环境监测设计与优化方法／江志华，叶海仁编著. —北京：海洋出版社，2016. 10
ISBN 978-7-5027-9599-3

Ⅰ. ①环…　Ⅱ. ①江…　②叶…　Ⅲ. ①环境监测　Ⅳ. ①X83

中国版本图书馆 CIP 数据核字（2016）第 245440 号

责任编辑：张　荣
责任印制：赵麟苏
海洋出版社　出版发行
http://www. oceanpress. com. cn
北京市海淀区大慧寺路 8 号　邮编：100081
北京朝阳印刷厂有限责任公司印刷　　新华书店经销
2016 年 10 月第 1 版　2016 年 10 月第 1 次印刷
开本：787 mm×1092 mm　1/16　印张：10. 5
字数：240 千字　定价：45. 00 元
发行部：62132549　邮购部：68038093　总编室：62114335
海洋版图书印、装错误可随时退换

序

环境监测是环境保护的基础性工作，是制定经济、社会和环境协调发展计划（规划）的重要支撑，是环境管理工作的“耳目”，必须给予高度重视。改革开放以来，我国经济获得了长期的持续增长，但高强度的开发和大量污染物质的排放又导致了局部区域环境质量恶化、生物栖息地锐减、生物多样性降低等一系列日益突出的生态环境问题，对环境管理的要求越来越高。目前，我国环境保护相关职能部门每年都投入大量的人力、物力进行环境监测，但环境监测与评价能力还是不能完全满足环境管理的需求，需要不断提高环境监测的支撑能力，提升环境监测的标准化、系统化、科学化水平。

国家海洋局十分重视海洋环境监测工作，早在20世纪80年代就已经初步建立了我国海洋环境监测网，发展到现在已建成了全面覆盖我国管辖海域的完整的海洋环境监测网，常规的连续性监测项目近30项，为海洋环境质量评价提供了大量基础数据。在环境监测要“对主要污染源的状况要清楚、对海洋环境质量现状与演变趋势要清楚、对潜在的环境风险要清楚”的总体要求下，国家海洋局近年来一直大力支持环境监测与评价的理论研究和技术开发。环境监测内容复杂，覆盖面广，是一项长期性、系统性、基础性、公益性的科技业务工作，其中监测方案的设计是环境监测的诸多环节中首要的和关键的一环，是实现监测工作目的的根本保证。但由于环境监测设计方法的复杂性，时至今日尚未建立成熟的方法体系，环境监测方案多是经验性的判断甚至是主观性的估计来设计，是制约环境监测发展的瓶颈之一。

该书作者多年从事环境监测工作，为满足环境监测的实际需求，深入研讨了国内外环境监测设计方法，从实用角度出发，以环境统计学为基础，提出了环境监测设计与优化的标准操作程序，列出了诸多设计与优化方法，涵盖了环境监测项目从策划、执行到验收的全过程，内容丰富，对于完善我国环境监测理论体系有重要参考价值。相信该书的出版将十分有助于我们对环境监测的理解，对我国环境监测的标准化和科学化起到积极的推动作用，为完善我国环境监测与评价体系提供有力支持。最后，借该书出版之际，我衷心希望，该书作者能继续保持治学严谨、勇于创新的学术精神，在履行好本职工作的同时，为我国环境监测技术的进一步提高多做贡献。

钱宏林

2016年8月于广州

前　言

在环境监测与评价的诸多环节中，监测方案的设计与优化是首要的和关键的一环。环境监测项目能否获得有意义的环境数据，监测与评价结果能否得到利益相关各方的认可，很大程度上取决于监测方案的可辩护（可防御）性。只有这样，科学的设计才能保障环境数据采集、分析、解释等符合监测的需求。实现这一目标需要科学、规范的环境监测设计与优化方法，但就作者所知，国内还缺乏系统地提出环境监测设计与优化方法的论著。目前有一些研究采样站点和频率设计方法的文献，也有一些文献介绍了具体监测项目（如大气、河口）方案设计方法。这些文献普遍存在的不足是，一般只给出方法或公式，没有对方法使用的详细描述，对使用者的知识水平要求较高，主观随意性较大。鉴于此，作者在近年的环境监测工作中，并通过“文成县天顶湖水质保护方案”（项目代码：KH1504009）、“我国海洋环境监测评价体系优化与综合服务平台开发”（海洋公益性行业科研专项项目，编号：201005014）、“南海区海洋环境质量综合评价方法”［2009 年度海洋环境评价项目，代码：DOMEP（MEA）-01-03］等项目工作的积累，产生了撰写一本较为系统论述环境监测设计与优化方法著作的想法。

环境监测的内容十分丰富，监测项目千差万别，并且由于目前科学认识的局限，要制定一套完美的环境监测设计与优化技术方法，还存在诸多困难。总结环境监测与评价工作的经验和教训，系统地提出适合于我国实际需求的环境监测设计与优化的理论和方法，是目前环境保护工作的实际需求。本书为适应这一需求，以环境统计学理论为基础，从实用性和可辩护（可防御）性出发，提出了一套环境监测设计的标准工作程序，探讨监测范围和监测参数的设计方法，并分类介绍了一些比较实用的采样站点和时间频率的设计方法，为环境监测设计与优化提供一套实用的技术工具。本书列出了环境监测设计与优化中各个部分可能用到的方法，客观分析每种方法的优劣和适用范围，读者可以根据具体监测项目的实际情况，灵活选择使用。

应该认识到，环境监测设计涉及的内容十分广泛，其理论和方法目前尚处于不断发展中，书中难免有不适合实际情况的内容。并且，环境监测项目种类繁多，新的理论、方法和技术手段不断被提出，任何设计方法都有优缺点和适用范围，没有适用于所有环境监测项目的“万能”设计方法，也没有完全“保险”的设计。

全书内容共分 11 章。第 1 章绪论重点解读环境监测和监测设计；第 2 章介绍一些环境统计学的基本思想和概念；第 3 章提出环境监测设计标准操作程序，这是本书的重点和特色；第 4 章探讨监测边界和参数的设计方法。第 5 章、第 6 章、第 7 章、第 8 章、第 9

章是本书的主体内容，介绍了较多的采样设计方法，包括采样策略、采样站点、采样频率和时间等；第10章介绍了环境监测方案评估和优化调整方法；第11章列出了环境监测设计文件说明的内容和格式。国家海洋局南海环境监测中心江志华撰写第1章、第3章、第4章、第5章、第7章、第8章、第9章，温州大学叶海仁撰写第2章、第6章、第10章、第11章，全书由江志华统稿。

本书的出版得到了“文成县天顶湖水质保护方案”项目（项目代码：KH1504009）的资助，感谢国家海洋局南海环境监测中心和温州大学生命与环境科学学院的支持；中国海洋大学环境科学与工程学院马启敏教授在环境监测领域的引导；国家海洋局南海分局钱宏林局长和林端副局长对本书的提示；国家海洋局南海环境监测中心方宏达主任、蔡伟叙副主任对本书的指导、支持与鼓励；温州市文成县环保局刘俊峰先生、上海交通大学张振家教授和孔海南教授、日本九州大学郝爱民研究员、西日本技术开发社井芹宁先生对作者的启发；国家海洋局南海环境监测中心质量与信息室蒋跃进、肖瑜璋、王欣睿、姜重臣、蔡建东、田秀蕾、钟煜宏、黄颖华、刘梦南、陈斌在工作上的帮助。真诚感谢海洋出版社相关编辑老师的辛勤工作，特别是张荣老师对本书出版的热情帮助，特意致谢。

需要强调的是，环境监测设计的标准操作程序是个开放的方法体系，应随着环境监测科学和实践的发展而不断补充完善，本书在理念、方法上起到抛砖引玉的作用，以便让更多的专家学者来研究完善。由于作者水平有限，书中难免存在不实用或不妥之处，敬请读者不吝赐教。

本书可供环境管理者、环境研究人员、环保技术工作者或环境保护类专业教师和学生阅读参考。

作者

2016年8月

目　次

第1章　绪　论

环境监测要为人类福祉服务，监测影响人类生存和发展的生态环境，这就需要对监测项目进行精心的规划设计。我国环境监测工作从无到有，经历准备时期、起步时期、发展时期和提高时期后，现已建立了相对完善的环境监测网络，监测内容逐渐完善。但是，有关环境监测设计与优化的准则与方法方面的研究目前还比较缺乏，系统规范地设计与优化采样点位、采样频率、监测参数等都是亟待解决的课题。

1.1　环境监测解读

1.1.1　环境信息获取过程

环境监测的直接目的是为了获得有用的环境信息，而环境信息的获取通常有4个基本步骤。第一步是确定目标总体，即在某时空边界限制下的环境参数；第二步是要进行环境采样，采集具有时间、空间属性的环境样本；第三步是测量环境样本，获得环境数据；第四步是对环境数据进行评价，获得所需要的环境信息（图1-1）。

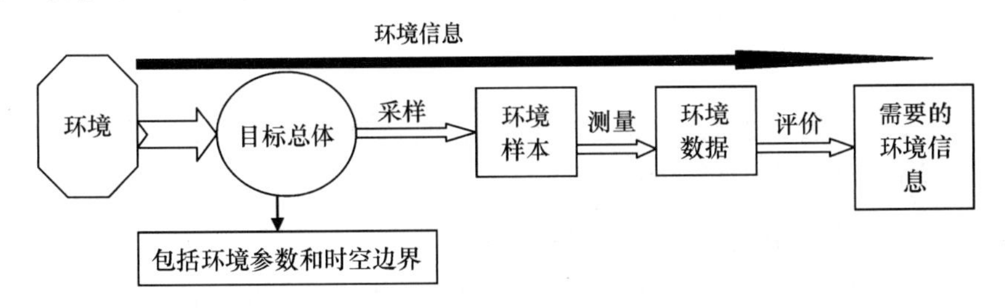

图1-1　环境信息获取一般过程示意

1.1.2　环境监测概念解读

环境监测是为了确定某个环境对象（目标总体）的状态及可能变化，需要重复或连续的观测方式，采集相关信息。所以在一定时间内，监测可能是重复和连续的，也是系统的。

环境监测包含了采样和样本测量两个基本步骤，这就涉及两个关键问题，即代表性和准确性。代表性是样本对目标总体的接近程度或某一置信水平下所需的样本数量，需要用统计学方法来设计采样、评估监测数据来给出代表性。准确性指的是测量值接近真值的程度，主要通过分析/检测质量控制来解决。

环境监测的核心首先是采样，获得界定时空范围内在某种程度或置信水平上代表目标环境总体的样本，这就需要进行精心的采样设计。

1.1.3 环境监测的分类

环境监测项目繁多，必须依据监测目的设计监测方案。依据监测目的，环境监测大致可分为3类：环境状态监测、环境趋势监测和环境常规监测（假设检验）。

（1）环境状态监测：测定环境的自然状况，对随时间变化的环境进行定量描述，评价环境质量的现状和变化，评估其是否符合当前或将来的需要等。

（2）环境趋势监测：确定环境变化的时间趋势，识别人类活动对环境影响的要素，确定特定事件是否引起环境变化，分析人类活动对环境影响的程度，评估环境管理措施的绩效，研究如何适当地利用环境等。

（3）环境常规监测（假设检验）：在一定置信水平下，确认现场环境条件是否满足给定的环境标准，监控危险因子的来源、途径和存在状况，估计潜在的环境风险等。

1.1.4 环境监测的任务

环境监测的任务较多，要根据实际需求来确定。下面列举常见的环境监测任务。

1）进行常规控制（监视性监测）

在管辖区域内，管理者需要得到标准中规定项目的环境信息，这些信息可以通过监测网来获取，监测网代表了区域环境情况。

2）测定污染现状和趋势（探索性监测）

为了下列相互关联的原因，可以建立监测网来监测污染现状和趋势。

①决定是否需要控制污染；

②因经济、政治、社会等原因难以制定控制排放时，用以支持决策；

③提供公益服务，让公众了解区域环境状况；

④连续监测环境发展趋势，提供早期环境预警。

3）进行生态环境预报

为了研究、验证和应用预测环境的数学模式，模拟区域开发对环境的影响等，需要环境监测的支持。

4）研究剂量-响应关系

污染物可能会导致生态变化，通过监测以评估污染物水平和生态响应，有助于建立区域环境质量标准，进行污染控制。

5）为大范围的、跨学科的环境模式提供数据，对环境变化进行研究和模拟

环境是一个巨大的、开放的复合系统，评估环境变化需要长期的监测积累和综合的模型，这些都要以长期、系统的环境监测为基础。

6）记录和模拟污染物跨界运动

掌握污染物跨界运动规律对于制定环境保护政策和策略至关重要，这需要足够的合格监测数据来支撑。

7）研究和模拟局部与全球的微量物质循环

人类活动正在干扰自然的生物地球化学循环，使某些物质在远离污染源的地方累积。掌握微量物质的全球环境变化规律需要系统、长期的观测数据来支撑。

1.2　我国环境监测的基本要求

进入 21 世纪后，我国环境监测实现了跨越式发展，监测覆盖面日益拓展，监测项目十分丰富，技术手段不断提高。当前，我国环境监测工作应满足下列基本要求。

（1）环境监测的结果要回答污染程度和环境质量的基本状况，能用于评估采取环保措施后环境的趋势。

（2）环境监测的信息应能界定环境“热点”区域，对污染区域提出早期预警。

（3）环境监测的结果应该为生态系统管理服务，有助于解释人类活动对生态系统的影响，建立优先的生态保护对象。

（4）环境监测数据必须进行深加工成信息产品，能直接回答环境问题。

（5）环境监测数据能为设计、调试和验证环境的定量预测模型服务，这些模型是评价、制定和选择环境管理战略技术的重要基础。

（6）环境监测数据为环境管理者制定环境标准提供科学依据。

1.3　环境监测设计的重要性

环境监测设计及其优化是环境监测和评价的基础性工作，是实现监测目标的根本保证。在环境监测的诸多环节中，监测设计是首要的和关键的一环，科学、系统、合理的监测方案是实现监测工作目的的根本保证，实验室的分析是无法弥补方案设计缺陷造成的数据质量问题的。我国环境监测工作虽已发展了数十年，积累了丰富的经验，建立了较完善的测量方法体系，但在监测设计方面，还是比较欠缺的。监测设计方面的研究相对滞后，

尚缺乏规范的监测设计标准方法体系，一般是依靠经验和专业判断设计环境监测项目，缺乏科学规范的设计，导致过度监测和监测不足同时存在，浪费了宝贵的监测资源，成为制约环境监测发展的瓶颈之一。

环境监测是一项公益性事业，应该面向社会，回答环境热点问题。在理论上和技术上可行的监测方案及工作方案一般应达到下列要求。

（1）监测目的或目标必须十分明确具体。

（2）监测工作要收集可辩护（可防御）性的数据，并对数据进行管理、加工解释和分析。

（3）监测方案必须确立数据质量目标，具有一套相应的质量保证/质量控制程序，以保证监测数据的准确、翔实。

（4）监测不仅要注重收集数据，更要强化对数据的详细分析和长期评价。

（5）监测方案应具备一定的弹性，以备后期针对实施中出现的不适应问题进行修正。

（6）监测方案中对数据信息的传送程序应有一套切实可行的制度，使信息产品的传输类似生产工艺定型化、处理方法标准化、软件程序规范化，使社会各界都能分享到监测成果，达到社会效益、环境效益、经济效益的统一。

环境监测项目如果没有精心的规划设计，即使测量的技术手段再高，也无法提供需要的环境信息。因此，监测设计是环境监测的首要核心环节，是决定监测成败的关键。

1.4　环境监测设计的基本要素

具体的环境监测项目千差万别，总结起来，一个环境监测设计，要明确以下基本要素。

（1）存在的环境问题。

（2）监测的目标。

（3）相关的背景环境资料。

（4）监测的输入和输出。

（5）测量的技术方法。

（6）对环境系统的描述性或推断性评价。

环境监测设计中，需要采用统计学方法的主要有：因果分析，采样理论分析、时间序列分析和数据统计分析等。

1.5　我国环境监测中存在的一些问题

我国环境监测事业发展很快，监测系统比较完善，但也存在不少问题，面临着诸多挑战。下面从环境统计学的角度，列举环境监测中存在的一些问题。

1）采样难度大，无法获得严格在可控总体中的样本

环境信息的使用目标是评估或决策，设计的采样必须是可控总体中的样本。如果没有从控制总体中采样，就不会有清晰的监测评价结果。环境一直在运动变化，使得不同时空位置的采样不一定是来自同一总体，使得样本数据可能不能完全代表环境总体，统计分析结果会失真。

通过全国性或区域的同步或准同步采样，可以提供较好的分析样本，提高样本数据的代表性。随着自动监测手段的逐渐应用，可以获得更多的准同步数据，提升样本数据的代表性。

2）监测设计与优化标准方法缺乏，普遍使用专业判断来设计

尽管专业判断在环境监测设计中非常重要，但是采用专业判断设计采样方案获取的样本，无法量化样本估计的精度和偏差。统计上，判断采样数据是有偏颇的，采样者可能夸大或遗漏了一些重要信息。

3）影响监测结果的因子较多，有些因子是随机化的，数据质量不易控制

可能影响每次采样最终结果的因子非常多，如采样者、采样器材、野外作业条件、样品处理方式等。良好的采样设计，应尽量控制潜在的影响因子，随机化那些难以控制的因子，以使样本误差服从某种特定的理论分布。

4）样本数量有限，往往缺乏对样本代表性的检验

受监测资源限制，获得样本数量有限，缺乏对样本代表性的检验，常忽视样本大小和事实，很少事先计算合理样本数量，导致在任何置信度下都无法得出结论。有时采集非常小的样本，却报告出高可信度的结果。环境统计中有两类错误：当事实是真实时，我们可能拒绝零假设（拒真，第一类错误）；当事实是错误时，我们可能接受零假设（取伪，第二类错误）。通常，样本大小决定正确拒绝或接受零假设的概率。

5）环境评价与环境管理脱节

环境监测与评价是以解决环境问题为目标，说清楚环境质量的现状与趋势、污染物排放总量和潜在的环境风险，为环境管理服务。但是，目前环境评价问题还很多，没有落实在环境问题的解决上，体现在：

（1）未区分样本和总体。环境评价多是对获得的样本进行评价，未对样本的代表性进行检验。代表性的检验应该考虑两种情况：对于数据预期用途为评估的问题，应检验样本代表总体的程度，即精度；对于数据预期用途为决策的问题，应在一定置信水平下检验样本数是否满足最低样本数量要求。

（2）有时犯生态学谬误。统计关系会随着汇总层次而发生变化，从宏观到微观之间可能存在不同层次的分析单位，把高层次的信息、经验、发现应用到低层次的分析单位上，可能犯生态学谬误。在环境评价中，综合和单项、大尺度和小尺度，都不可偏废，不能轻易将评价结果推广到低层次上。就环境质量来说，实际操作中往往喜欢综合评价，提出了

许多综合评价指标，往往会掩盖了某些环境问题。

（3）有时犯还原论谬误。与生态学谬误相反，根据较低层次研究单位的分析结果推断较高层次单位的运行规律，可能产生谬误。中国地域辽阔，经纬度跨度很大，统一的环境标准往往会在局部区域造成不适应。例如南海深水区底层氮、磷含量较高，而溶解氧含量较低，以海水水质标准来评价，水质很差，但其实这是自然本底值，并非水质差。

（4）混淆统计检验显著与实际意义显著。环境数据处理不能离开统计分析，但如果样本数量足够大，或者降低置信水平，一个完全没有实际意义的差异幅度或作用强度也可以取得统计显著的结果。在统计基础上，应用可置信的数据、在误差允许范围内，合理判断和解释环境问题。不仅要考虑到统计分析的结果，而且最终要把这些统计结果放在各个实际研究的理论框架中去考察其实际意义。否则，将会产生纠缠于一些微小的差异之上夸夸其谈其显著性的笑话。在环境制图中，常可见到为显示环境参数分布差异而随意缩小等值线梯度值，制成环境参数分布不均匀的虚假结果图件。

专业判断对于环境监测与评价至关重要。环境监测必须获得具有特定时空位置和尺度的数据，才能解释有意义的、非虚假的、以数据支持的环境系统关联。应清楚要计算什么，什么时候计算，计算的合理过程与步骤，才能理解数据评价的结果和结论，分析它们的可信度。

6）滥用统计方法比较普遍

在环境数据分析评价中，往往不考虑统计方法的适用条件，生硬套用统计方法处理数据。比如在统计数据均值时不考虑数据分布特征，普遍采用最小二乘法探索环境参数间相关关系，采用主成分法给环境参数重要性排名等。

1.6 国内外环境监测设计与优化方法研究概述

本书后文将详细介绍国内外提出的一些环境监测设计与优化方法，这里只做简单的概述。

环境监测设计包括监测范围、采样站点、采样频率、监测参数、验收标准、方案调整评估、测量方法、数据质量控制等方面。目前，对于监测的测量方法、质量控制等，已有相对完备的技术体系，比较缺乏的是系统集成监测范围、采样站点、采样频率、监测参数、采样策略、验收标准、方案调整评估等方法的监测设计方法体系。国内外在监测范围、采样站点、采样频率、采样策略、验收标准、方案调整评估等方面都提出了一些方法，监测参数的设计方法则比较缺乏。值得注意的是，当前还没有明确提出监测设计方法集成和操作程序。

1）监测范围（边界）

Beanland 把监测项目中的采样设计的边界分成 4 种：①政治因素、社会因素和经济因素的管理边界；②空间和时间范围的项目边界；③自然物理、化学和生物过程的生态边界；④测量的最终研究边界，应该与这些类别的边界及研究的目的相一致。Walter（1986）认为，在建立边界时，应该考虑4个量级：①有关因素的广度；②分析的深度；③参数的空间尺度；④时间尺度。

2）监测参数

实用的监测参数设计方法还比较缺乏，范志杰总结了监测参数设计的一些原则性的要求，主要还是靠设计者的专业判断。

3）采样点（站）位设计

采样点（站）位设计是监测设计的主体内容，数据的代表性需要通过采样设计来解决。采样设计方法可分为非概率统计采样设计法和概率统计采样设计法两大类。非概率统计采样设计法主要有判断法、便利采样法、定额采样法、雪球采样法、动力采样法等。概率统计采样设计法的内容十分丰富，方法较多，主要有：简单随机采样法、分层（区）随机采样法、系统和网格采样法、排序组合采样法、自适应群集（簇）采样法、混合采样法等。

4）采样策略

目前并未明确提出采样策略，但一些采样方法实际包括了采样策略的思想，如交替采样法。

5）采样频率设计

平稳时间序列和非平稳时间序列需要不同的采样频率设计方法。针对非平稳时间序列，周仰效等以时间序列分析方法，监测频率设计总目标分解为3个技术目标：①监测趋势；②识别周期变化；③估计平均。监测频率同时取决于参数的变化特征：趋势特征、周期特征与平稳随机变量的特征。3个监测目标分别采用统计方法确定。

1.7　本书的目的与内容

本书的目的是为环境管理者和环境监测工作者提供一套可操作的集成环境监测的边界、参数、站点、频率等设计与优化方法的完整体系，摆脱环境监测设计主要依靠专业判断的局限，通过科学的设计提高环境监测的绩效。

本书立足于环境监测设计与优化方法的集成和创新，主要内容如下。

1）环境监测方案规划设计程序

首次提出一套规范的、可操作的环境监测设计的技术程序，详细列出各步骤需要做的工作和成果输出，可方便地使用。

2）环境监测边界设计方法

总结提出环境监测的5种边界：①空间管理边界；②空间生态边界；③空间动力边界；④项目空间边界；⑤时间（尺度）期限。

3）环境监测参数设计方法

提出环境监测参数的设计方法，包括主要环境问题分析、因果链分析等。

4）环境监测采样站点设计方法

介绍目前比较实用的各种采样站点设计方法，并划分成概率统计采样法和非概率统计采样法，详细地介绍了每种方法的优劣、适用条件和限制、操作方法等。

5）环境监测采样频率设计方法

分平稳时间序列和非平稳时间序列，介绍采样频率设计方法。

6）环境监测方案调整和评估方法

介绍环境监测参数、站位、频率的调整和评估方法。

7）环境监测方案设计文件说明

提出规范的环境监测方案设计文件说明（报告）的格式。

第 2 章　环境统计学基础简介

为了设计可辩护性的环境监测方案，需要借助环境统计分析，以发现环境数据的特征、模式和关系，为监测设计提供定量依据。在环境评价中，统计不能让劣质数据变得更好，也不能从劣质数据中得到可靠的结果，垃圾数据进去，出来的还是垃圾结果，无论如何谨慎地处理有错误的数据，其结果都是错误的。因此，环境监测必须获得可靠的环境数据，需要在监测设计阶段确立可行的数据质量目标，科学设计采样方案，通过环境数据质量控制来获取可靠的环境数据。为确保环境数据质量可靠，也需要借助数据统计手段。

本章参考相关文献，简要介绍环境统计学的一些概念和基本思想，以方便深入理解环境监测设计方法。进一步的知识可参考环境统计学方面的专著。

2.1　环境统计的本质与规则*

2.1.1　环境统计基本思想

在一个环境系统中，变异存在于整个系统过程和系统模式中。理解、控制及减少环境变异是环境监测项目成功的关键，评估不确定性和数据变异及其他在环境评价中的影响，需要借助环境统计方法。环境统计的基本思想是：

1）设计采样方案，能够最小化采样过程的不确定性和变异

环境采样是获得可靠环境数据、实现监测目标的关键，需要运用合适的采样设计方法，不同采样方法适应不同监测目的，也需要不同的统计分析方式。

2）以采样获得的样本数据为基础，估计环境总体

环境评价中，样本数据代表环境总体状况，往往需要通过处理环境样本数据得到环境总体的特征值或分布的估计。

3）理解环境数据分布特点，从各个方面讨论环境问题状况

以统计模型为基础，采用公式化方法表达环境问题，为建立环境风险模型和预测环境

---

* 本节主要引用聂庆华，Keith C. Clarke. 环境统计学与 MATLAB 应用 . 北京：高等教育出版社，2010，1.5 节的内容。

变化提供数据依据。

4）探索环境系统中各参数间的关系或剂量–响应关系

理解环境问题产生的根源，为解决环境问题提供可选择的方案建议。

2.1.2　环境统计中的特殊性

相对经典统计学，环境统计面临的问题往往具有明显的时空特性，需要考虑以下特殊性。

1）可变面积的采样单元问题

它包括多尺度问题，即不同面积的采样单元，导致统计结果变异问题。也包括分区边界的定位问题，不同大小的采样单元，区域界线的位置不一样。对环境数据的评价，往往需要说明空间精度或代表性。

2）边界问题

区域边界问题与边界效应对空间统计分析的影响，区域形状与大小影响环境参数测量和结果的解释。

3）空间采样过程

统计分析以样本数据为基础，通常假设样本随机来自总体，但是不同随机采样结果的统计方法不一样，从而影响统计分析结论。

4）空间/时间自相关与空间/时间联系

空间/时间自相关即是空间/时间某点某参数值与邻近点位置/时间该参数值相关，可以表达为函数关系。空间/时间自相关影响统计分析结果，甚至导致错误统计结果解释。环境总体中，因自相关的存在使样本达到一定数量后，估计均值的方差趋于一个固定值，更多的采样已经没有意义，甚至造成信息冗余，因此不是样本数量越多，就越好。

2.1.3　环境统计学的几个规则

经典统计（频率派）应用的基本要求是，产生数据的过程必须平稳。每个数据点不仅仅是相互独立，而且数据点应围绕数据集中心趋势（如均值）随机分布。因为环境数据特殊性，不能要求环境数据绝对满足经典统计学的基本假设，但在环境统计中也要遵守如下一些规则。

1）选择合适尺度

环境数据一般包括时间、空间和属性 3 个部分，即一定时间范围内、一定空间尺度上，对某些环境参数属性的测量。因此环境数据表达有 3 个尺度：时间尺度、空间尺度和属性测量尺度。选择合适的属性测量尺度和时空坐标尺度，决定每个选择尺度是否有效和可靠。根据信息量不断增加的原则，环境属性测量尺度可以排序为名义变量、有序变量、区间变量和比率变量。其中，区间变量和比率变量常可以作为单一的度量尺度，名义变量可用于分类尺度，有序变量是非参数统计分析的基础。当然，如果对数据质量没有把握，也可以将高测量尺度的比率变量和区间变量，转换为有序变量和名义变量。

2）定义样本

包括样本大小、采样和识别样本对应的统计总体。环境采样的特殊性是在限定空间和时间内，进行相应的设计采样，环境样本的随机成分相对减少。这时往往需要更多的样本，才能反映出总体情形。许多环境问题是在固定区域范围内，预先确定了样本大小。有时总体不能被完整观测，固定区域也可能有多个不同性质的总体。

3）定义处理缺失数据的步骤与方法

缺失数据使环境统计分析变得更加复杂。在一定环境空间或时间上，无法采样导致有缺失数值，缺失的观测可能严重破坏采样设计，减少样本随机性，增加分析复杂性，甚至导致严重偏差。知道了数据缺失，需要再采样或改变统计分析方式。因此需要补足缺失数据，估计缺失数值，扩展新的统计方法。

4）可视化环境数据

图形包含的信息量往往远大于文字，可视化数据是直观感受和理解数据的基础。对于环境空间数据，地图制图可以让环境评价者更容易识别空间模式，突出空间自相关。对非空间数据，也可以采用饼图、直方图等图形方式加以表达。图形方法的最大优点是使环境分析者直观地识别数据中异常的、非典型的、甚至极端的观测结果。

5）区分异常数据与错误数据

检查和识别异常值，识别数据记录中的错误。区分数据错误和数据异常十分重要，异常值可能包含非常重要的信息。

6）计算统计变量

对单变量数据，计算中心趋势、数据散度、分布形状和空间自相关。对双变量建立二维散点图，可视化散点分布情形，描述和理解变量之间的关系。

2.2　环境统计分析的一般程序

在环境统计分析中，常常面临这些问题：①需要获得什么样的环境数据，才能回答环境问题？②需要采集多少环境数据，才能满足数据质量目标要求？③如何布设样本的时空属性，才能反映环境时空特征？④从数据中能得到什么样的结论，如何估计、预测、检验数据相关参数？⑤结论可信度有多大，即在什么样的置信水平和置信区间上得出结果？⑥结论的精度有多高，即在空间或时间上的分辨率如何？

这些问题决定了环境统计分析的一般程序是：①制定目标，在使用统计前，先要清楚希望得到什么信息，制定监测目标。②理解环境数据，分清环境数据类型，不同数据类型有不同统计方法和数据表达方式。③选择统计分析方法，计算统计量，解释统计计算结果。④检验环境统计量的显著性，推断总体相关参数。

有偏差的样本、某些重要数据的遗漏、样本误差、统计图、不匹配的资料、不合规范的统计量选择、混淆相关关系与因果关系和不正确使用环境数据，都可能导致有偏差甚至错误的统计结论。因此，环境统计分析中需要考虑：①数据来源，如何采样、如何进行样品测量？②是否遗漏什么重要的数据？或者在小样本数据中是否包含极端数值？即数据是否有统计意义。数据是否满足经典统计分析的假设，即样本来自同一总体，样本之间相互独立且服从某些特定分布。③是否偷换了概念，在本来没有因果关系的数据之间，人为建立了相关关系。

环境统计是不完全观测下对环境参数或指标值的计算和估计方法。借助统计，可以估计出不能直接观测、却需要了解的环境参数或指标，帮助环境工作者更好地理解和解释环境问题，科学地、客观地陈述环境中的假设及其准确性。

2.3 环境数据*

环境监测的最直接产品是获得有代表性、可防御性的环境数据，环境数据有多种类型，也有其自身的特殊性。

2.3.1 环境数据定义

数据是事实或图形的载体和表达，数据形式包括语言（如名称、日期等）、符号（如商标、标志等）、数学公式和信号（如声波）。环境数据是环境分析与评价的基础，准确的环境评价需要无偏差的数据。但实际监测工作中，得到的环境数据不可能没有偏差，需要采用统计方法检验数据，分析其误差和可信度及不确定性。不是所有的数据均包含有用的信息，不适当的监测获得的数据不但不能支持分析和评价，反而导致评价结果的失真。只有经过分析的数据，才可能得到有用的信息。

2.3.2 环境数据分类

1）*原始数据与间接数据*

根据数据的来源不同，环境数据分为原始数据与间接数据，原始数据是通过监测直接采集的环境数据；间接数据是指收集到的环境数据。评价环境时，应明白何时使用间接数

* 本节主要引用聂庆华，Keith C. Clarke. 环境统计学与 MATLAB 应用 . 北京：高等教育出版社，2010，1.3 节的内容。

据，何时避免使用间接数据。何时可以将原始数据与间接数据混合使用。数据采集与使用过程中，间接数据与原始数据同样重要。间接数据为原始数据提供背景，也为原始数据提供一致性验证和数据质量确认；间接数据可作为原始数据的替代，特别是因为时间、成本等原因，使数据采集是一次性的或不需要重复采集。使用间接数据的好处是：①成本低，利用的是已有数据；②延长了研究的时间链，利于当前环境与历史环境比较，可预测环境变化趋势；③能避免或消除一些分析步骤，减少分析工作量。间接数据也有缺陷，使用者不了解间接数据的具体采集方式和数据处理方式，可能没有机会接触到原始数据，难以评估数据质量，并且，不同时间、不同实验室分析得到的间接数据，其可比性也难以确定。

2）显性的空间数据与隐性的空间数据

考虑环境数据的地理位置特征，可以分类为显性的空间数据和隐性的空间数据。显性的空间数据具有明显的地理坐标和数据测度单位，必须用空间统计等空间分析方法处理。隐性的空间数据隐含有地理坐标和数据测度单位，只是数据分析时，不需要直接考虑位置和尺度，也不讨论数据的空间模式特征。

3）单个数据与聚合数据

从数据性质的角度，环境数据可以分为单个数据与聚合数据。聚合数据是单个数据的集合。根据数据集的变量特征，可将环境变量分为：

（1）连续型环境变量与离散型环境变量。离散型变量中，数据被严格放置在数据序列中的某些具体位置上；连续型变量中，在给定的数值取值区间上，有无限多个可能的数值取值。

（2）定性环境变量与定量环境变量。定性数据是以类型形式表示的数据；定量变量是以数字形式表示的数据。

（3）自然数据与试验数据。自然数据描述环境自然现象；试验数据来自目的明确的环境试验测量过程，包括计数数据和枚举数据。

2.3.3　环境数据特殊性

Berthouex 和 Brown 将环境数据的特殊性归纳如下。

1）异常值

环境数据有可能出现异常值或极端值，直接拒绝与其他数据差异非常明显的数值，可能导致严重错误。异常值的存在，破坏统计过程中某些统计规律和导致计算结果误差。有时候，异常值的存在不是测量误差或错误，是真实的环境状况，可能包含有非常重要的环境信息。

2）缺失数据

有毒或危险物质的检测，常常需要巨大工作和成本。纵使如此，仍然会有含量低于检出限的情况，这种数据的缺失易在环境决策中造成失误。

3）大量数据

这些数据来自环境管理机构、工厂等的日常监测数据，不是试验数据。多数情况下，这些数据是偶然数据，只是为特定目的采集的数据，因此，在环境模型的构建中，它是病态数据。这种病态数据可能并不适合时间趋势分析，或者环境系统行为研究，因为它们缺乏一致性，不能进行时序比较；也没有完全观测影响系统的各种因素；参数范围也被严格限制。但是这些数据中，也可能包含少量有用的信息。

4）巨大测量误差

环境中被关心的物质往往浓度极低，尽管使用精密仪器、高纯度试剂和高素质分析人员，环境中物质的分析仍可能存在相当大的误差。统计方法可以有效处理随机误差，只是很难去除或减小系统误差（即偏差）。

5）潜伏变量

环境分析中，总有一些重要变量无法测量，这些变量称为潜伏变量。一定条件下，它们可能影响统计分析结果。

6）非常方差

测量过程产生的误差与测量数值大小成比例，不是近似常数。许多环境测量过程和仪器都有这种性质。

7）非正态分布

经典统计假设数据服从正态分布，但是环境数据很少有正态分布特征，它们往往是非对称偏斜分布。数值分布往往集中在相对低值范围内或在相对高值范围内。

8）序列相关

环境数据测量具有严格时间或空间序列。据地理学中的 Tobler 定理，时空相邻的数据具有更大可能的接近，这种特征称为序列相关，即自相关。这种性质实际动摇了经典统计分析的基石：随机选择数据，样本相互独立。即使是弱的序列相关也能扭曲统计的估计与假设。自相关的存在，还使样本方差不随样本数量增加而减少，而是稳定在某个数值。因此，存在自相关情形下，合理样本大小的计算方法与样本独立情形下是不同的。

9）复杂因果关系

环境系统包含许多不能控制、不能准确测量，甚至不能识别的变量。纵使已知变量是可控的，也难以去重复那些复杂的理化和生物过程。在一定意义上，所有的模型都是错误的，只是一些模型在描述因果关系上是有用的。

2.3.4 环境数据测量层次

环境数据分类以测量尺度为基础，统计方法只对一定的数据测量层次有效。S. S. Stevens 提出名义变量、有序变量、区间变量和比率变量 4 种测量尺度的概念。

1）名义变量

名义变量是没有任何识别意义的名称。它基于定性成分区分观测结果，通过分类归纳数据。名义变量是等同的，可一对一替换（只是名称而已），用于统计案例数目。如果类型唯一，则采用排他性分类。如果类型存在多种可能，则采用详尽列举方式。

2）有序变量

有序变量建立顺序，是有次序的，可单调函数表示，也可计算中值和百分点。本质上，有序变量是计量分类，但是分类数值之间的距离可能没有准确意义。

3）区间变量

相对有序量，区间变量分类值之间的距离具有标准测量意义，但起始点（零点）却是任意的。可用方程 $Y=aX+b$ 来表示，可以统计均值、标准差、方差和相关性。

4）比率变量

与区间变量比较，比率变量是一个相对度量反映两个区间之间的不同。比率是两个数的运算结果，如相除或者相比，且除法有意义（即分母不为零）。它可以用方程 $Y=aX$ 来表示，可计算变异系数。如污染扩散率、生物密度等。

5）其他环境数据类型

S. S. Stevens 提出的 4 个测量层次不包括绝对值、周期值、计算数值和多位情况。周期数据是一种特殊类型，常遇到的有流向、风向等。

Martin H. Trauth 还补充了其他三类数据类型。①闭合数据。这种数据集表示为分母相同、分子加和等于分母的比例数据（如 100%）。用来表示某物质各个成分的构成比例，因此也称成分数据或组分数据。②空间数据。具有严格空间位置特征的数据。③方向数据。是以方位角度表示的数据，比如流向、地形坡度等。严格地说，周期性数据也是一种方向数据。

2.3.5 环境数据变换

环境数据包含异常值，具有非正态分布等特征，甚至是非线性、不对称的。有些统计分析中，采用原始数据不一定是最方便的数据形式，需要变化数据，产生更好的可视化结果，或更容易进行数据分析。数据标准化常用于环境评价相关领域，数据标准化也不影响线性回归、相关系数等计算结果。数据球形化则可用于多元统计分析。

对总体进行了 n 次观测，观测结果用变量 $\boldsymbol{x}$ 表示，则 $\boldsymbol{x}$ 可表示为一个 $n\times1$ 的列向量：

$$\boldsymbol{x} = [x_1, x_2, \cdots, x_n]^T$$

1）幂变换

数据变换中，幂变换算法包括根法、倒数法、对数法、正整数幂法，旨在改变数据分布形状。幂变换的一般数学表达为 $\boldsymbol{x}\to\boldsymbol{T}(x) = [\boldsymbol{T}(x_1), \boldsymbol{T}(x_2), \cdots, \boldsymbol{T}(x_n)]$，$\boldsymbol{T}$

为变换函数。规定 $\boldsymbol{T}$ 应保留数据的大小顺序，且为连续函数。

环境数据往往不符合正态分布，需要对数据进行变换，则会服从某种分布，例如珠江口的一些水质参数时间序列数据服从对数正态分布。

2）数据标准化

数据标准化用于不同尺度数据的比较。因为不同尺度或不同标准差的多个变量组成的变量组中，在进行距离计算时，一个尺度不同的变量可能控制整个计算结果。所以，为使不同尺度的测量数据可以比较，采用以下方式进行数据标准化：

（1）变换为 z^- 值：

$$\boldsymbol{z} = \frac{\boldsymbol{x} - \bar{x}}{s} \tag{2-1}$$

式中，$\boldsymbol{x}$ 为向量；$\bar{x}$ 为标量；$\boldsymbol{x}-\bar{x}$表示 $\boldsymbol{x}$ 中每一个元素都减去 $\bar{x}$；其中 $\bar{x} = \frac{1}{n}\sum_{i=1}^{n} x_i$，$s$ 是 $\boldsymbol{x}$ 的标准差。

转换后的 $\boldsymbol{z}$ 值，构成一个均值 $\bar{z}$ 为零，方差是 1 的列向量。如果不要求 $\bar{z}$ 为零，则可采用：

$$\boldsymbol{z} = \frac{\boldsymbol{x}}{s} \tag{2-2}$$

式中，z^- 值构成一个均值 $\bar{z}$ 为$\frac{\bar{x}}{s}$，方差是 1 的数组。它与式（2-1）中的变换结果形成一种线性关系。

（2）变换为极差标准化值，以极差代替标准差，式（2-2）转换为：

$$\boldsymbol{z} = \frac{\boldsymbol{x}}{\max(\boldsymbol{x}) - \min(\boldsymbol{x})} \tag{2-3}$$

式中，max（$\boldsymbol{x}$）和 min（$\boldsymbol{x}$）分别是样本集 $\boldsymbol{x}$ 中最大值和最小值。进一步使式（2-3）得出的 $\boldsymbol{z}$ 值是［0，1］之间的数值：

$$\boldsymbol{z} = \frac{\boldsymbol{x} - \min(\boldsymbol{x})}{\max(\boldsymbol{x}) - \min(\boldsymbol{x})} \tag{2-4}$$

它与式（2-3）中的变换结果也形成一种线性关系。

（3）球形化数据：设包含 p 个变量 n 个观测的多元样本集 $\boldsymbol{x} = [x_{ij}]_{n\times p}$（其中 $i=1$，2，$\cdots$，p），是一个多元数据构成的样本集。$\boldsymbol{x}$ 的每一行表示一个观测，数据的球形化是对每个观测进行变换。$\boldsymbol{x}$ 中每个行（观测）的球形化计算公式是

$$z_i = (x_i - \bar{x})\boldsymbol{V}\boldsymbol{D}^{-\frac{1}{2}} \quad (i = 1, 2, \cdots, n) \tag{2-5}$$

式中，$\boldsymbol{V}$ 是 $\boldsymbol{x}$ 中 p 个变量（列）的协方差矩阵 $\boldsymbol{C}$ 的特征向量组成的矩阵；$\boldsymbol{D}$ 是由特征值构成的对角矩阵；x_i 是第 i 个 $\boldsymbol{x}$ 的观测，$\bar{x}$ 是 $\boldsymbol{x}$ 的 p 个列的均值组成的行向量；z_i 是与 x_i 对应的球形化变换后的结果。

数据标准化改变了数据的尺度，可能损失信息，所以并不是所有数据处理都需要先变

换数据，尤其是多元统计分析中，标准化可能带来观测数据之间距离的误判，所以需要根据情况考虑是否变换数据。

2.3.6　数据的可靠性

环境评价需要可靠的数据。数据可靠性评估需要考虑 4 个方面：①误差与不确定性；②准确性、精度与偏差；③统计控制；④统计分析的有效性。

精度，也称分辨率，表达空间、时间或专题认知的详细程度。分辨率是有限的，因为没有任何测量系统具有无限精度。分辨率是有关数据库规范的特征，取决于特定应用要求。高分辨率不一定是更好的。当采样数学公式模拟空间对象时，常要求低空间分辨率数据。分辨率与准确性有关，因为分辨率水平影响数据库“规范”，进而影响准确性。

准确性表示测量值与被测量对象真实值之间的接近程度。由于真实值往往是未知的，数据测量往往有一定的不确定性。测量值与真值之间存在偏移，即误差。环境测量中，误差来源有 3 种：①系统误差；②随机误差；③错误。系统误差也称为偏差，其产生的原因多种多样。有些系统误差能得到合理校正；有些不能识别，属于不确定性问题。随机原因产生的误差也是不确定的，可以采用标准差和均值来描述。如果标准差小，数据则在平均值附近聚集；标准差大，数据则是分散的。长期观测条件下，可考虑随机误差均值是零。错误也有不确定性，不管是已知还是未知的，出错就产生错误的结果。如果测量系统充满错误，则不可能产生有意义的结果。归纳起来，准确性是偏差和精度的函数。良好准确性意味着良好的精度和接近零的偏差。不准确则可能是因为有比较差的精度、不能接受的偏差。

环境科学中，有些概念实际是难以直接定量或测量的，比如环境质量、污染程度等。因此必须先创建可操作的定义，然后以间接方式表示或替代度量，再进行统计。这些新定义术语的有效性，即是否能表达原有概念，需要仔细推敲。数据可靠性也是必须考虑的问题，不能以多年前的环境数据来描述某区域现在的环境质量。不同时间序列的数据，不同测量方法得到的结果，是否可以比较，也需要借助统计分析来说明。

2.4　相关概念解读

2.4.1　总体

经典统计中，把研究对象的全体称为总体；组成总体的每个单位称为个体；某研究对象的某个指标 $\boldsymbol{X}$ 是一个随机变量。因此，总体是指某个随机变量 $\boldsymbol{X}$ 取值的全体。以某特定应用目的为基础的环境监测对象，其总体是有特定时空位置和范围的，称为目标宇宙，简称宇宙。环境监测中的宇宙包括：①连续型时间、空间或时空宇宙；②离散型宇宙。离散型宇宙是具有明显边界的个体实体构成的总体，尽管离散的个体具有时空维度和位置，但是离散型宇宙本身没有大小度量，只有包含的个体实体数量。环境总体是感兴趣的环境或单元的集合，按照环境对象类型，将环境总体分类为：①有限总体，即总体中对象或单位数量是有限的（是离散型宇宙情形之一）；②无限总体，即总体对象或单位的数量是无限的，这又可以分为可列无限多总体（总体中个体可编号）和不可列无限多总体（总体中个体不可编号，即连续型宇宙情形）；③目标总体，即包含我们需要信息的有限总体或无限总体，目标总体是有时空边界的宇宙，习惯上根据制图尺度，可以区分目标宇宙为大宇宙、中宇宙、小宇宙和微宇宙；④研究总体，即我们打算研究的、有限时空范围内的个体样本集。不管总体如何分类，环境采样中的总体应当是可控的，否则样本分析结果难以重复，缺乏可比性和可靠性。

2.4.2 目标总体

定义目标总体是监测设计的重要步骤。目标总体是一项监测中所有感兴趣单元的集合。通常，采样总体只是目标总体的一部分，而采样总体必须是合理的且可以实现的。例如，目标总体被定义为一个海湾的表层沉积物，采样的总体是海湾中没有被覆盖的那部分表层沉积物，在这种情况下采样总体和目标总体是相同的。否则，需要专业判断来证实，由采样总体得到的数据适合于得出关于目标总体的结论。

2.4.3 采样单元

采样单元是可能被选为采样对象的目标总体中的一部分，如一条鱼或一定体积的水。当用空间和时间来定义采样单元的特征时，必须做具体详细的规定。对于有些采样单元应该规定特定环境介质组成，如某年某月某日在某地通过采水器采集 1L 的水。有些环境项目有清楚的采样单元（如鱼、虾）。然而，多数情况下环境项目的采样单元不会如此清楚（如沉积物、水），需要由监测人员来确定。确定采样单元必须适合于从感兴趣的介质中选出有代表性的样品。

2.4.4 样本支撑

从目标总体中，抽取个体的过程与方法，称为采样；从总体中抽取的个体或个体组，称为样本。因此，样本是一组总体观测结果或测量数值的集合，即样本是总体子集。

样本支撑是采样单元的一部分，如面积、体积、质量或其他的量。样本支撑不仅是代表采样单元与母体关系的特征样品，而且符合监测方案的要求。样品是采样单元中的一部分面积、质量或体积，较少的样品往往导致较大的采样偏离（采样单元之间变异性较大）。混合样品浓度的变异性通常要比单个样品的小一些，因此，为了能够清楚地解释监测的结果（如样本均值和偏差），需要清楚地定义样品。

2.4.5　参数

由采样样本确定的、某变量总体的函数称为参数。参数是未知量，对来自同一总体的不同采样样本数值，参数数值有差别。参数估计是推断统计的重要内容。环境采样中，区分目标参数是固定的还是随机的，是定性的还是定量的，这一点非常重要，因为这种区分，直接影响统计推断模式（表 2-1）。

表 2-1　不同参数类型下的推断模式

<table>
<tr><th>推断依据</th><th>目标参数</th><th>结果类型</th><th>推断模式</th></tr>
<tr><td rowspan="2">采样设计</td><td rowspan="2">统计学上定义一个固定参数值</td><td>定量</td><td>估计</td></tr>
<tr><td>定性</td><td>检验</td></tr>
<tr><td rowspan="4">随机模型</td><td rowspan="2">统计学上定义一个随机参数值</td><td>定量</td><td>预测</td></tr>
<tr><td>定性</td><td>分类</td></tr>
<tr><td rowspan="2">模型参数或函数</td><td>定量</td><td>估计</td></tr>
<tr><td>定性</td><td>检测</td></tr>
</table>

注：引自聂庆华，Keith C. Clarke. 环境统计学与 MATLAB 应用．北京：高等教育出版社，2010.

在统计学中有 5 种推断模式：

（1）估计。估计是对一个固定目标参数的定量推断，它面对两种固定量：一是统计学上定义一个固定的特征值，如一个区域某沉积物特征的均值；二是模型参数（或函数），如模型的均值。

（2）预测。预测是统计学上定义一个随机特征值的定量推断。

（3）检验。检验是一个固定目标参数的定性推断。

（4）分类。分类是统计学上定义一个随机特征值的定性推断。

（5）检测。检测是相对一个临界条件，不考虑位置和时间，问题回答只有“是”、“否”两种答案，表示是否满足临界条件。

注意：①不同统计推断模式，用于不同情形。不要误用“估计”与“预测”，要注意“检验”、“分类”和“检测”之间的区别；②不要混淆“预测”与“预报”，预测是对随机目标参数的定量推断，预报则是预测的特定情形，即给出在什么时空条件下，某地点将来的相关预测值。

2.4.6　描述性统计与推断性统计

描述性统计提供变量或数据集简明的数值或数量表达，描述数据的某些重要特征，如数据中心趋势和散度。描述性统计参数代替原始数据也必然损失一些信息，因此需要选择合适的统计方法，不同方法有不同使用条件和优缺点。

推断性统计基于样本数值或信息，概括和推断统计的总体。环境统计总体是环境数据或信息的总集。推断性统计使用从样本中获取的描述性参数，将描述性信息与概率理论连接起来，以推断总体的本质或性质。包括：①总体的数值特征及其计算可信度；②基于样本信息，评价参数假设。

因此，统计推断有两个基本部分：估计与假设检验。统计推断意味着解释样本推导的数值技术，基于样本统计结果陈述总体一般特征，分析样本数据因变异而引起的不确定性。

有两个基本统计推断方法[①]：①基于设计的统计推断；②基于模型的统计推断。基于设计的统计推断是因为采样设计而得名，它以有限的、可识别的、没有变化的、可枚举的区域单元为基础，要求采样是严格随机的，且遵循中心极限定理。以模型为基础的统计推断则不再要求有限的，是无限的、无变化的总体，但要求样本的误差是正态分布的。

2.4.7 估计与假设检验

估计与假设检验是统计推断的两个最基本类型，例如采样用样本统计参数、估计总体特征。[②]

估计是对未知却真实的总体参数数值的可靠猜测。总体参数点估计是相应样本统计值，如样本均值。置信区间和置信水平则提供了总体参数点估计数值的取值范围和可信度。

假设检验是借助样本数据，获得总体性质的结论。

2.4.8 变异性与独立性

环境变异性主要是因为：①随空间变异；②随时间变异；③野外采样变异；④实验室内变异；⑤实验室之间变异。

独立性是统计设计与分析的重要概念。观测之间相互独立，是指一个观测结果不影响另一个观测结果的数值。如果能依据一个观测数值，预测另一个观测数值，则它们之间有依赖关系。多数统计方法假定观测是独立的，只要小心考虑变异原因和随机化潜在影响因子，这种假设一般是合理的。[③]

2.4.9 监测方案

监测方案是一个具体的采样和测量程序，以获得每个采样单元感兴趣的信息。监测方案应包括样品采集、样品制备或预处理及样品测量和信息传输的程序，如有必要，还应包括重新采样的程序。

---

① 聂庆华，Keith C. Clarke. 环境统计学与 MATLAB 应用. 北京：高等教育出版社，2010. 42.

② 聂庆华，Keith C. Clarke. 环境统计学与 MATLAB 应用. 北京：高等教育出版社，2010. 42.

③ 聂庆华，Keith C. Clarke. 环境统计学与 MATLAB 应用. 北京：高等教育出版社，2010. 42.

第 3 章　环境监测设计标准操作程序

我国目前的环境监测项目种类繁多，差异较大，制定适合于所有监测项目的通用设计方法的难度很大。但在环境监测领域，还没有推出成熟的技术方法或设计程序。本章针对环境监测项目的共性特点，总结多年环境监测的经验和教训，提出一套通用的环境监测设计与优化的标准操作程序（Standard Operating Procedures，简称 SOP），可以在实际中灵活使用。

3.1　使用 SOP 的益处

科学的监测设计有效地保障了监测数据采集、分析、解释等环节的操作。为了使设计的监测方案得到利益各方的认可，需要采用标准的操作程序。使用 SOP 设计监测方案，有以下益处：

（1）可以最大限度降低采样设计的主观性，提高收集环境数据的质量。

（2）将长期积累的监测技术、经验记录编写成标准作业文件，让监测人员快速掌握监测项目设计技术。

（3）形成监测行业最基本、最有效的管理工具和技术数据，实现规范化、标准化、简单化。

（4）使环境数据的采集、分析、解释等环节完整清晰，制定的计划详细、规范，易于追查监测项目中问题产生的环节和原因。

（5）能够更高效地利用监测资源，提高监测工作绩效。

（6）通过反馈机制，可以持续优化长期监测项目的方案。

3.2　环境监测设计的标准操作程序

制定规范的环境监测设计操作程序，就是为环境监测规划设计提供一个标准的技术路线，将环境监测设计纳入到标准的技术体系中。由于实际的监测项目差异很大，目前要制定一个详细而又适用于所有监测项目的设计操作程序几乎是不可能的，只能基于各种类型监测项目中共性的东西，制定一个基础性的技术框架。

这里提出一个框架性的环境监测设计标准操作程序，如图 3-1 所示。

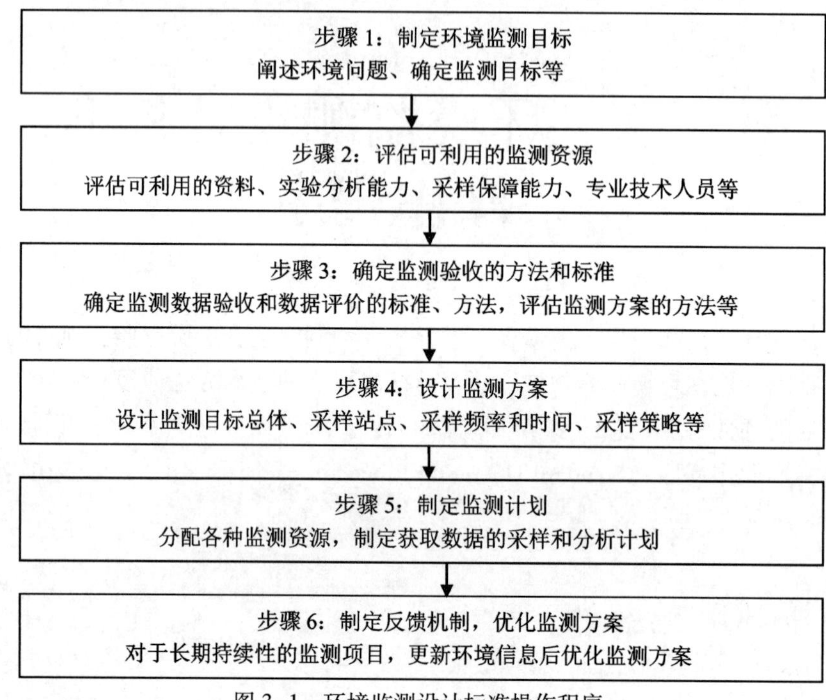

图 3-1　环境监测设计标准操作程序

3.3　步骤 1：制定环境监测目标

3.3.1　主要工作

监测目标是解决主要问题的结果。环境监测目标必须明确而具体，不能使用模糊的表述，要从监测方案设计角度表述。制定监测目标要完成如下 3 项主要工作：

（1）阐述问题，确定要监测的环境问题的概念模型，规划数据产品、所需要的环境数据类型。

（2）确定主要的监测问题，为回答这些问题可能会需要的信息，明确监测项目需要解决的关键问题。

（3）针对主要问题可能需要的行动，制定监测目标。

3.3.2　阐述问题

1）描述问题的特征

通常从环境问题的概念模型开始，描述主要污染物的源、汇和在环境中的存在，或主要生态系统面临的压力和威胁。

制定一个准确的关于环境问题的概念模型至关重要。模型通常包括以下内容：

（1）已知或预期的污染地点或关注的生态系统位置。

（2）污染物的来源或潜在来源，现存或潜在的生态系统压力因子。

（3）受到或可能受到污染的环境介质，受到或可能受到损害的环境资源。

（4）暴露情况（定位于人类健康或生态受体）。

如果问题很复杂，应考虑将其分解为更便于管理的小问题，审查各环节彼此之间的关系，安排各环节的优先次序，然后分别研究解决。

问题被界定以后，应收集并记录已有的解决类似问题的重要信息，根据其来源整理、审查并确认所有相关的资料和假设，并评估其可靠性。

2）规划环境数据评价产品

规划环境数据评价产品是确定环境监测需要获取数据的基础。没有合适规划的数据评价产品，其统计应用几乎是没有任何意义，使用者很可能把毫不相干的数据放在一起，进行统计计算。数据量越少，在数据采集前就越需要好的规划。数据规划需要考虑：①期望的监测结果是什么？②涉及的总体是什么？参数有哪些？已经理解的问题（即事实）是什么？③是面向研究、监测还是另有其他目的？④问题的时间特征是什么？是长期的、短期的还是即时的？⑤问题的空间特征是什么？是全球性的，还是区域性的？

为获取可靠的数据，正式采集数据前，可能需要进行试验性的预研究。以选择合适的测量过程与方法，减少偏差。只要有产生误差的可能性，就一定会出现令人怀疑的结果。通过预研究：①决定需要去发现或证实什么；②估计需要的数据量；③预期了解将有什么样的研究结果；④预计借助数据分析，将能做什么。

确定需要的数据类型和数量也是数据规划的一部分。需要什么样的数据，取决于与环境问题相关的模型选择。需要多大数据量，取决于研究问题的性质、可保证数据质量的测量能力，其中，成本—效益分析是选择测量方式的重要因素。

3）确定环境数据的预计用途

根据美国 EPA 的分类，环境数据的预期用途主要有两个[①]：

（1）决策。环境数据最常见的一类用途是决策。这里决策为在基线条件和替代条件之间作选择。决策者在选择行动方向时，由于未来的不确定性，由决策而产生的后果通常是未知的。采用统计学方法建立统计假设的基本框架，设计一个数据获取方案，给定数据的不确定度和基本假设，检验该假设，评估所产生的数据，并得出具有足够证据的拒绝或接受假设的结论，以支持所作出的决策。

（2）评估。通常监测的目标是评估一些环境参数或特征的性状或程度，如有害物质的浓度、环境背景值、环境参数的长期变化趋势等。评估问题有别于决策问题的决定性特

① 沈阳环境监测中心站．环境监测数据质量管理与控制技术指南．北京：中国环境科学出版社，2010. 7-8.

征，是估计值的预期用途与一个明确的决定没有直接的联系。

有时数据使用的目的类型非常明显，但在一些情况下，在监测设计期也许很难确定数据的目的类型。以下一些方法有助于确定环境数据的使用目的类型。

（1）如果在项目中有二选一的活动，监测与评价的结果会指导这种选择，这很可能是一个决策问题。

（2）如果项目试图通过表征环境的状况或变化趋势，这可能是一个评估问题。

（3）如果一个项目提供关于环境状况或趋势，以支持一项监管办法或法规的制定，这可能是一个评估问题。

（4）如果环境调查或监测，试图表征特定人群或地区的暴露水平，且没有现成的使用于该结果的法规或条例，那么它可能是一个评估问题。但是，如果暴露水平与基于可接受风险的阈值相比较时，那么它变成了一个决策问题。

以目前海洋环境监测为例，一般可以进行如下分类。

（1）决策问题。污染物浓度是否符合规定限值要求（如达标率、质量分级）、污染物是否对人类健康或生态构成威胁（如海水浴场、增养殖区）、污染物浓度是否明显高于背景水平（如放射性环境、污损事故造成的沾污）。

（2）评估问题。环境参数的时间和空间分布、栖息地内生物种群的估计、环境参数的变化趋势。

（3）决策或评估问题。例如，生物体内污染物质含量，当用来指示环境质量状况时，它是评估问题，当它用来预警经济生物食用风险时，则是决策问题。

3.3.3 确定主要的环境问题

找出主要的环境问题并尽可能明确地说明，至少要对其进行简要地陈述。主要问题的答案，将为环境管理决策提供依据，为解决问题而采取的行动提供理由，或为准确地评估问题提供必要的信息。

3.3.4 制定监测目标

关键是明确主要的研究问题，确定由解决主要研究问题而引发的替代行动。主要任务是明确监测项目需要解决的关键问题，主要工作如下。

（1）确定主要的监测问题，为回答这些问题可能会产生各种输出，根据这些输出确定可能采取的替代活动。

（2）针对主要问题和替代行动作决策说明或评估说明。

（3）按顺序或问题的重要性准备多个决定，或根据其相互影响以及它们对总体研究目标的贡献，准备多个评估问题。

从监测设计的角度，下面列举了环境监测项目中部分具体监测目标。

（1）测定环境系统某些参数自然状况的空间分布，以评估环境质量的现状，圈定环境“热点”区域，如区域水质监测。

（2）测定环境系统某些参数的时间变化，以评估环境的变化趋势，推断其是否符合将来的需要，如环境趋势监测。

（3）测定环境系统某些参数的统计值，如均值、比例（如超标率）等。

（4）监控危险因子的来源、途径和存在状况，评估潜在的环境风险，如外来物种入侵。

（5）监控人类活动对环境影响的要素，评估人类活动对环境影响的程度，如海洋倾倒区监测、海洋油气开发区监测、建设项目施工期监测等。

（6）监控环境突发事件对环境影响的要素，评估事件对环境影响的程度，如溢油、赤潮等事件环境监测。

（7）寻找环境中的稀有特征，如溢油指纹分析。

监测目标的设置也要依赖于逻辑推理，以制定明确的目标。注意，这里的监测目标不同于口号式的监测目标（如为建设生态文明提供支撑之类），应是具体的、明确的和可操作性的。

3.3.5　输出

步骤 1，制定环境监测目标的主要输出有：

（1）清楚界定的主要环境问题，对环境问题作简洁描述；

（2）环境问题的特征，包括概念模型、需要的数据类型及其使用目的；

（3）制定具体的监测目标；

（4）列出解决问题的说明清单。

3.4　步骤 2：评估可利用的监测资源

3.4.1　主要工作

环境监测活动总是受到技术、人员、经费、现场采样条件等监测资源的限制，评估可利用的资源及其限制，对于制定实际可行的监测方案及其计划至关重要。这一步的主要工作如下。

（1）为监测设计收集需要的各种信息。

（2）明确每个可利用的资源及其限制和截止期限。

3.4.2 为监测设计收集需要的信息

监测设计需要的信息包括系统策划程序的输出和一些可能会影响到设计方法选择的特殊贡献因子的信息。针对监测目标，收集与设计程序相关的信息，包括：

（1）地图、背景信息、人类活动、相关法规等基本资料；

（2）监测目标区域与关注环境问题有关的背景资料（如地理特征、功能区划、可能的污染源、生态系统类型、潮汐类型、气候和水文概况等）；

（3）区域已有的调查或监测环境资料、与数据质量有关的信息；

（4）已有环境数据反映的环境问题。

除了一些涉及模拟问题的常规监测项目（如排污监测）外，环境监测设计一般要有背景环境资料。获得背景环境资料的方法有两种：一是收集区域已有监测资料；二是进行预采样。收集区域历史环境资料，要从监测目标的需求进行筛选，还要对数据质量进行检验分析，剔除劣质数据。当收集的资料不能满足设计需求时，需要通过预采样获得环境目标总体的初始信息，为监测设计奠定原始数据基础。预采样可能是在背景资料完全空白的基础上进行，也可能是在历史资料不足时进行补充采样。预采样方案，可以依据专业判断，进行简化处理。

为确保采样设计的开展，针对监测目标，收集监测范围内的历史环境信息，可辅以补充环境调查，研究监测区域环境背景状况。

3.4.3 评估已有环境数据质量

一般而言，环境数据是否有效，只要初步检查元数据即可。元数据是对数据进行说明、解释的数据（一般包括采样和测量方法、时间、责任者等信息）。在缺乏数据说明的情况下，应考虑：①数据产生时间；②数据来源，数据提供者的可靠性；③数据最初的存储介质与数据保存格式；④数据覆盖范围；⑤数据是否合乎逻辑；⑥数据是如何检测和编辑的；⑦其他相关数据项目。当然，这只是一种经验判断。从统计分析角度，这种经验判断可能没有意义。因此，有时还需要借助统计方法检验数据质量。

3.4.4 明确可利用的资源、限制和截止期限

准确而详细的监测资源评估可实现最有效地利用资源并最大限度节约成本。检查和明确当前可利用的资源和截止期限，覆盖设计数据收集过程和构成项目运作全过程的各种活动。

选择采样设计的主要限制因素有以下 5 种：

（1）已有环境信息限制。主要确定已有的环境资料是否能获得。

（2）采样或分析限制。包括技术人员限制、测量仪器限制、采样设施限制、对采样或分析方法的常规要求或气候的限制、健康安全环保限制等。健康安全环保应考虑管理体系、危害评估、必需的措施等。

（3）时间限制。包括季节的限制、采样时间段的限制等。

（4）地理限制。包括阻碍采样的物理屏障或障碍物、限制船舶到达的海域等。

（5）资金限制。应考虑数据收集的全过程，从样本的现场采集开始，包括样品的运输、储存、分析、数据的处理和报告。测算采样和测量成本或预期成本。

应尽量详细记录实际的限制，当超出实验室现有可利用资源时，为实现监测目标需要增加资源，这可能会大幅增加经费开支。

除此之外，制定采样设计方案还需要考虑现有法律、法规或管理规则的要求。最后，还应考虑数据的二次使用问题。

3.4.5　输出

步骤 2，评估可利用的监测资源的主要输出有：

（1）综述可利用的资源和监测的最后期限，包括历史资料（要分析数据质量）、交通工具、采样资源、实验室资源、资金预算、健康安全环保、人员及进度安排等；

（2）存在的限制采样的因素和技术经济分析，包括季节性气象、国际纠纷等；

（3）当需要预采样时，提出初步的预采样方案。

3.5　步骤 3：确定监测验收的评估方法和标准

3.5.1　主要任务

环境监测的中心任务是要获取有意义的环境数据，但环境监测总是存在误差的，要通过制定验收方法和标准来评估监测是否达到监测设计目标。因此，这一步的主要任务是确定监测项目或方案的验收方法和标准。

3.5.2　监测误差

环境监测中，误差有各种来源，合并成“总误差”或“总变异”。典型的“总误差”主要有两个：一个是采样误差；另一个是测量误差（见图 3-2）。

1）*采样误差*

也称统计采样误差，它受总体内在变异的影响，包括空间和时间、采样设计和采集的样本数量等。实际一般不可能测量整个总体的空间，有限的采样可能会漏掉一些感兴趣的特征信息。发生采样设计错误时，收集的数据不能完全捕捉总体空间的变异，达到作出适当结论的程度。采样误差可能导致估计总体参数的随机误差（即随机变异）和系统误差（偏离）。

2）测量误差

测量误差受测量与分析系统不完善的影响。随机误差和系统测量误差均可能在测量过程中引入，如样本的采集、处理、保存、运输、分析、数值修约等。

环境科学中关注的物质往往含量比较低，环境系统处于不断地变化之中，所以，一般情况下，采样误差可能要远远大于测量误差，要安排较大比例的资源来控制它。总误差可以通过产生一个适当的采样设计并选择合适的质量保证措施和技术来控制。这样做可以控制由数据得出不正确结论的概率。环境监测方案设计中要通过选择适当的采样设计方法、数据收集规则等，使误差控制在可接受的范围内。

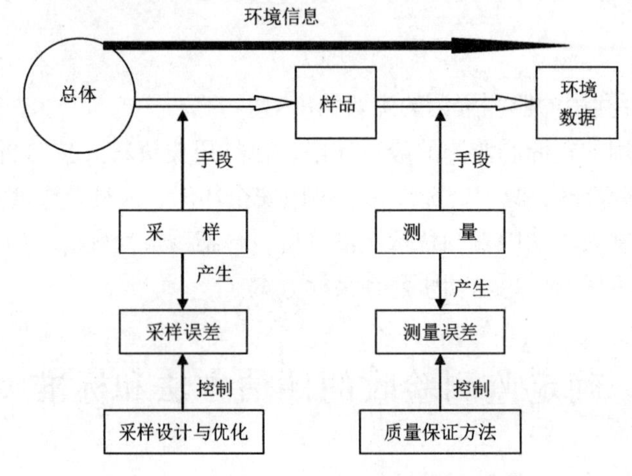

图 3-2　环境监测误差组成及误差控制

3.5.3　监测项目验收的评估方法和标准

验收监测项目或方案所需要的评估方法取决于数据的预期用途，数据预期用途的类型不同，对误差和不确定度的处理和控制方法也不同。

在实际操作中，可从代表性和准确性两个方面确定环境数据执行或验收标准，作为对监测项目执行的评估。

（1）数据代表性，指的是环境数据（样本）对目标总体的接近程度，反映的是采样误差。代表性是反映数据质量的一项极其重要的指标，但只有在数据使用目的明确的背景下，代表性才可以得到适当地解释。

（2）数据的准确性，准确性表示测量值与被测量对象真实值之间的接近程度，反映的是测量误差。通过制定数据监测的质量控制验收标准，如精密度、准确度等，来评估监测数据准确性。

环境数据的代表性和准确性不是越高越好，而是根据项目的监测目标和可利用的资源条件，确定可接受的水平。从误差角度来看，环境监测方案设计与优化主要是为了控制采样总误差，使数据代表性满足需求，数据准确性主要是通过采样和实验室检测中采取质量保证措施来控制，因而本章只探讨数据代表性的评估方法。

3.5.3.1　数据预期用途为决策问题时代表性评估方法和标准

数据预期用途为决策问题时，一般是对收集的数据进行统计假设检验。当对收集的数据执行统计假设检验并依据检验的结果做决策时，应规定错误拒绝和错误接受误判概率的限值。当打算用收集的数据来做结论，但并不一定导致做决策时，应确定接受指标和与不确定度有关的置信水平。对于数据执行或验收标准的确定，美国 EPA 对此有详细论述，下面根据《环境监测数据质量管理与控制技术指南》（沈阳环境监测中心站编，中国环境科学出版社，2010 年 12 月第一版）中“第 6 章确定执行或验收标准”内容，进行简要介绍。

1）数据统计假设检验

对于数据预期用途为决策问题，需要进行统计假设检验，得到以下执行或验收标准。

①规定符合基线条件的各种可能的感兴趣参数的真值范围。

②规定包含感兴趣参数可能值的灰色区域。

③在灰色区域的边界处设置可以容忍的误判限。

（1）统计假设检验可能得到的 4 种结果。

决策问题经常需要对收集的数据进行一个或多个统计假设检验，有时统计假设检验也会导致误判。当作出结论或决定时，通常有两种可能的结果：要么某一给定的条件属实，要么为假。实际无法知道其中哪个结果是对的，但通过收集数据并对其进行统计假设检验，可以确定其中哪个结果更有把握是对的。

形成统计假设检验时，有两种可能的结果：一个结果表示基线条件（例如符合环境质量标准限值）；另一个结果表示替代条件（如不符合环境质量标准限值）。保留基线条件直到来自样本的信息（数据）表明基线条件极有可能是不对的。然后对收集的数据进行统计检验，检验结果将会引导出一个决定：

①来自数据的证据不足以表明基线条件是错误的，因此结论是，由于拒绝基线条件（原假设）失败，所以基线条件（原假设）是对的。

②来自数据的证据足以表明该基线条件是错的，因此结论是，由于拒绝基线条件成立，则替代条件（备择假设）是对的。

假设检验的推断总是有利于基线条件的，所以必须慎重考虑基线条件，这对于决策的结果至关重要。

支持假设检验的统计理论可以量化误判的概率。通过在监测项目设计阶段规定假设检验的程序，制定收集数据的质量目标（执行或验收标准），就可以控制做出错误决策的概率。统计假设检验可能导致的 4 种结果如表 3-1 所示。

表 3-1　统计假设检验可能导致的 4 种结果

根据假设检验做出的决定	真实条件（情况）	
	基线条件成立	替代条件成立
决定基线条件成立	决定正确	误判（错误接受）
决定替代条件成立	误判（错误拒绝）	决定正确

当检验结果导致采用真实条件时（不管是基线还是替代条件），4 种结果中的 2 个不会导致任何误判，而其余 2 个结果则代表可能发生的两种误判。

发生错误拒绝误判时，数据导致拒绝基线条件（原假设），而事实上它是对的。发生错误接受误判时，数据不足以证明基线条件（原假设）是错误的，导致接受基线条件（原假设），而实施上它是错误的。

统计假设检验的主要目的是确定每一种类型误判的可以接受的概率上限。

基线条件就是原假设（Ho），替代条件就是备择假设（Ha）。对于误判的解释如下：

①错误拒绝误判。当原假设实际上是正确的但却被拒绝时，则会发生错误拒绝误判或第一类错误。发生这种错误的概率被称为假设检验的显著性水平，用“α”表示。

②错误接受误判。当原假设实际上是错误的但却不能被拒绝时，则会发生错误接受误判或第二类错误。发生这种错误的概率用“β”表示。

大多数情况下，错误拒绝误判是比错误接受误判较为严重的误判，因而，可以接受的 α 的取值标准通常比 β 更严格。

当假设实际上是错误的，又被正确地拒绝时，拒绝原假设的概率被称为原假设检验的统计功率。统计功率代表“正确拒绝”的概率，它与错误接受的概率之和为 1，相当于“$1-\beta$”。用统计功率可以衡量由数据得出正确结论的概率。

（2）控制误判的概率。

执行统计假设检验时，不可能完全消除由数据做出错误决定的可能性。如果在设计中设定一个标准，在数据中控制总误差的最大的组成部分，就可以控制误判的概率。例如，如果预期采样设计误差是总误差中一个较大的组成部分，则可以通过增加样本数量或设计更好的采样方案来控制误判的概率。如果认为分析组分的测量误差在总误差中所占的比例较大，则可以通过分析多个单独样本，然后使用这些样本的平均值，或采用更精确的分析方法来控制误判的概率。

在某些情况下，为了由假设检验获得可辩护的决定，没有必要对这两种类型的误判设置非常严格的限制（即对可接受的误判概率设置的范围非常窄）。如果与决策有关的错误拒绝误判（第一类错误）的后果相对较轻，尽管收集的数据相对不准确或者数量较少，也能够做出可辩护的决定。

设计监测方案时应对所收集的数据规定质量和数量的要求，以确保做出误判的概率满足项目的需求。在设计的早期，应严格选择误判的风险，而不是任意制定一个误判概率的范围。

（3）决策性能曲线（功率曲线）。

由统计假设检验的结果所做出的决定“质量”，可以用“决策性能曲线”来描绘期望的统计假设检验的质量水平，也称为“操作特征曲线”或“功率曲线”。图 3-3 是理想的决策性能曲线与实际的决策性能曲线的区别。原假设（基线条件）：参数的真值（未知）低于某个行动水平；对应备择假设（替代条件）：参数的真值超过行动水平。图中 X 轴代表一系列可能的参数真值，其中包括行动水平，而 Y 轴代表一系列由检验得到的参数真值超过行动水平（即替代条件是真的）的概率范围（0~1）。当参数的真值非常低时，收集的数据引导作出真值超过行动水平的决定的概率非常低；而当参数的真值接近于行动水平时，这种误判的概率会增加。

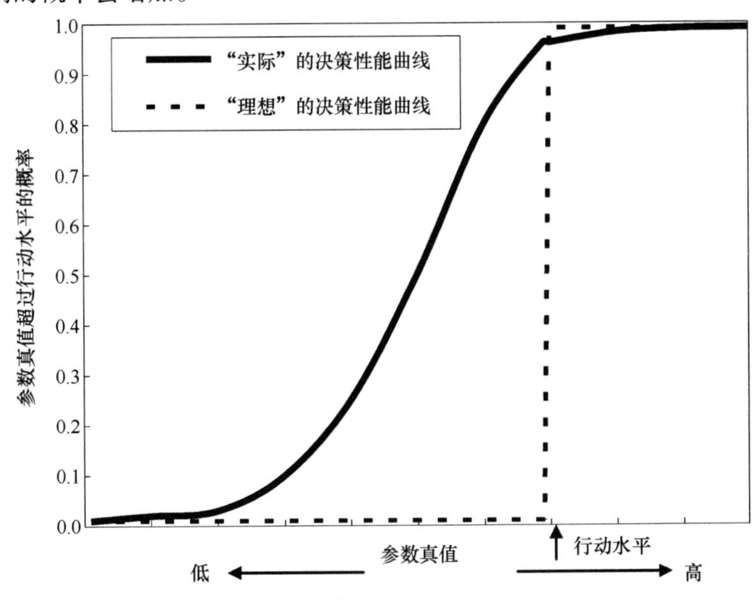

图 3-3　“理想”的决策性能曲线和“实际”的决策性能曲线

因此，对于 X 轴上等于或低于行动水平的所有值（即基线条件），决策性能曲线指定的概率为 0（没有可能拒绝这种假设）；对于 X 轴上高于行动水平的所有的值（即替代条件），决策性能曲线指定其概率为 1（即肯定拒绝）。这种情况用“理想”的决策性能曲线表示。

由于收集的数据本身具有内在的变异性和不确定性，使用这些数据执行假设检验，拒绝原假设的概率实际上是由接近 0（真值远远低于行动水平）逐步增加到接近于 1（真值远远高于行动水平），用“实际”的决策性能曲线表示。决策性能曲线的形状和陡度取决于多种因素，包括样本设计、样本容量以及所收集数据的精密度。

（4）确定假设检验的基线条件。

除非从收集的数据得到有利于替代条件（备择假设）的证据，从而拒绝基线条件（原假设），否则基线条件成立。基线条件和替代条件合在一起表征所有可能的参数真值的范围（图中的 X 轴）。

在很多情况下，基线条件在相应的环境标准中已预先设定了。在缺乏环境标准的情况下，应通过评估确定基线条件，根据统计假设检验的结果，评估由于做出误判而采取错误行动可能产生的后果。为了降低误判的风险，需要确定这两类误判中哪一个的后果更为严重，尤其是当参数的真值在行动水平的附近时。如果认为错误拒绝是较为严重的错误决定，那么为了降低错误拒绝的概率，确定的基线条件就应该尽可能涵盖一系列可能的参数真值。在某些情况下，也可以根据经验判断确定基线条件。

（5）灰色区域。

在构成备择条件的一系列可能值的范围内，灰色区域由根据基线条件选择的行动水平开始，延伸到行动水平左边或右边。在这个区域内，做出误判的后果相对较小。图 3-4 和图 3-5 中阴影部分表示灰色区域，分别代表下列两种情况。

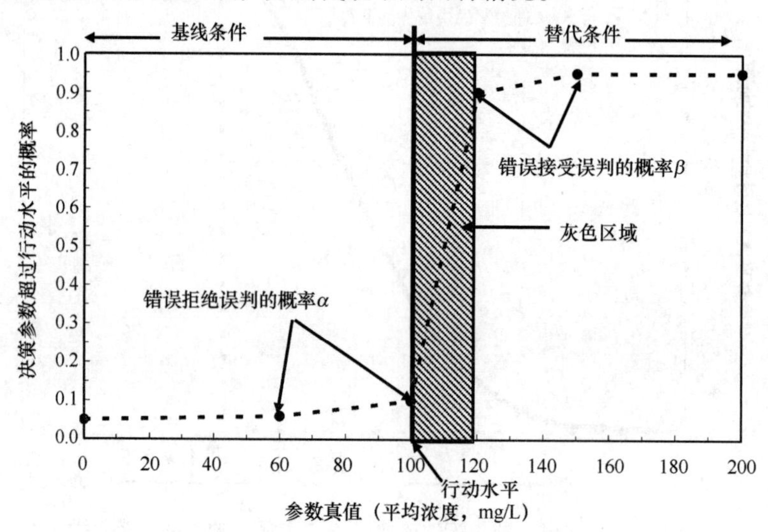

图 3-4　替代条件在高于行动水平的区域

第一种情况（图 3-4）：当备择条件代表在行动水平以上的所有可能的参数值时：

①原假设（*Ho*）：该参数值等于或小于行动水平；

②备择假设（*Ha*）：该参数值大于行动水平。

第二种情况（图 3-5）：当备择条件代表在行动水平以下的所有可能的参数值时：

①原假设（*Ho*）：该参数值等于或大于行动水平；

②备择假设（*Ha*）：该参数值小于行动水平。

灰色区域在行动水平的左边还是右边，取决于指定的基线条件：

①在图 3-4 中，基线条件对应低于行动水平的参数值。图中的曲线代表拒绝原假设

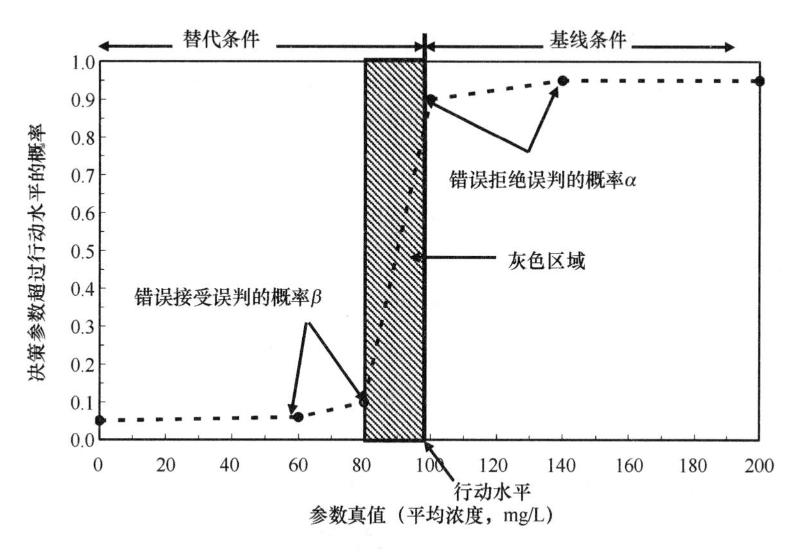

图 3-5　替代条件在低于行动水平的区域

（*Ho*）接受备择假设的概率。因此，落在行动水平左边的曲线部分，代表错误拒绝误判的概率（α），而落到行动水平右边的曲线部分，代表错误接受误判的概率（β）。

② 在图 3-5 中，基线条件对应高于行动水平的参数值。图中的曲线代表拒绝原假设（*Ho*）失败的概率。因此，落在行动水平左边的曲线部分，代表错误接受误判的概率（β），而落在行动水平右边的曲线部分，代表错误拒绝误判的概率（α）。

如果有用来做决策的真实信息，那么当参数的真值落在灰色区域内时就可以拒绝原假设了。但因为不可能拥有真实的信息，所以建议拒绝原假设的概率（该基线条件是真实的）在灰色区域内接近于行动水平的值可以相对小一些。这意味着错误接受误判的概率较大，因为想要将错误拒绝误判的概率控制在属于基线条件的一系列可能的参数值内。在这个区域内错误接受误判的概率较高，但认同和接受这个高概率，所以称它为“灰色区域”。

灰色区域的一边由行动水平界定，而另一边则由做出错误接受误判可能引起严重后果的值来界定。一般来说，灰色区域越窄，达到预先设置的错误接受误判概率所需要的样本数量就越大，因为在这个区域内，较高的错误接受误判率被认为是可以容忍的底线。用统计假设检验的语言讲，灰色区域的宽度就是所谓可能检测到的最小差异，用“Δ”表示，是确定样本容量时不可缺少的一个参数值。

为收集的数据做假设检验时，如果不需要控制错误接受误判的概率时，就不需要为假设检验指定一个灰色区域。例如：

①将具有指定置信水平的参数值的置信上限与某个行动水平做比较，虽然能够控制错误拒绝误判的概率，但并不能控制错误接受误判的概率。

②简单地将平均值与某个行动水平比较，从而得出是与否的决定，而不考虑平均值的变异。在这种情况下不执行统计假设检验，因此也不用规定误判的具体限制。

在这两种情况下，应该根据问题的需要指定多个决策性能指标。然后制定一个数据收集计划，为达到预定的决策性能指标，画一条决策性能曲线，同时尽可能有效地利用现有的资源。这样，尽管不必为代表替代条件的参数值制定误判概率的容许限（灰色区域），但也有助于保持较低的错误接受误判率。

（6）制定误判概率的容许限。

误判概率的容许限（误判限）指在感兴趣参数的一个可能值处，能够容忍的或可以接受的发生误判的最大概率。通过指定误判限，可以表达对不确定度的容忍程度以及愿意承担的误判风险。最低限度应该规定两个误判限：

①一个是在行动水平处，指定错误拒绝的误判限，它代表灰色区域的一个边界。

②一个是在感兴趣参数的一个可能值处，指定错误接受的误判限，它代表灰色区域的另一个边界。

当误判会导致严重后果时，应该设定严格的误判限制；当误判后果较轻时，可以稍微放宽限制。一般情况下，这个感兴趣参数的可能值离行动水平越远，误判的后果越严重。

对于环境数据，最严格的错误拒绝误判和错误接受误判限通常为0.01，可以作为错误接受误判和错误拒绝误判的起点。如果认为作出误判的后果没有那么严重，没有必要使用0.01这样低的误判限，可以选择一个更高的起点，选择的理由可能有：监管要求、成本因素、人类健康和生态条件以及可能产生的社会政治后果等。一般情况，可以采用错误拒绝误判限的起始值为0.05，错误接受误判限为0.20。

2）空间采样精度

空间采样精度可用Kriging估值精度来描述，常用方差或均方根来表示。在Kriging方法中，插值精度定义为插值的误差的方差：

$$\mathrm{Var}(Z_0^* - Z_i) = \sum_{i=1}^{n} \lambda_0^i \gamma(x_i - x_0) + \mu \tag{3-1}$$

式中，Z_0^* 为Kriging插值；Z_i 为在位置 x_i（$i=1, 2, \cdots, n$）的观测值；λ_0^i 为Kriging权值；γ（x_i-x_0）为方差函数（Variogram）值；μ 为拉格朗日乘子。

Kriging误差的方差是评价样本质量的较（最）好指标，但其值受到观测点估计值（Z_0^*）的影响，不好制定数据的评估标准，但可以作为一个参考指标，当增加样本时，Kriging误差的方差变化较小（变得平稳），其空间采样精度基本符合要求。具有统计功能的软件（如ArcGIS）可以方便地计算插值误差的方差。

3）站点空间精度

环境监测中的空间精度，指的是样本（站点）的有效作用范围。采用的统计方法不同，对于有效作用范围的定义也不同。在Kriging方法中，变程是用来确定空间上两个样本变量之间相关的最大距离，它决定估值可靠程度，可以用来划分样本（站点）的有效作用范围。

（1）利用变程划分站点有效作用范围的依据。

变程反映了区域化变量的影响范围，即空间上两个变量之间相关的最大距离。当两个变量间距离小于变程时，其空间上是相依的；大于变程时，其空间上是无关的。变异函数的变程实际反映的是最佳站点间距，因此，变程可以作为采样站点有效作用范围的定量基准。

（2）作用半径表达空间精度。

对于变异函数，误差实际包括两部分：块金值和随距离而变化的估计误差。块金值反映的是观测误差和微小尺度的误差，因此从空间距离上讲，插值的精度实际上可以分为如下两个部分（图 3-6）。

第一部分是原点到两倍块金值处，可称之为站点的“控制半径”。在这部分，由估值贡献的变异小于块金值，估值的可靠程度较高。控制半径是合理站点间距的最小值，小于这个距离的站点密度，并不能有效提高估值的精度。

第二部分是控制半径到有效变程（变程的 95%）处，可称之为“作用半径”。在这部分，由估值贡献的变异大于块金值，估值的可靠程度较低，但还是处于可以控制的范围。在这部分，加密站点可以有效提高估值的精度。

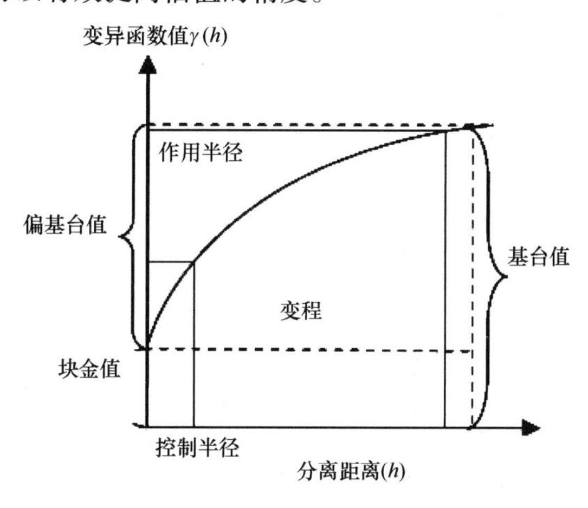

图 3-6　“作用半径”与“控制半径”示意图

一般情况下，站点的空间密度要落在变程的 50%以内。

3.5.3.2　数据预期用途为评估问题时代表性评估方法和标准

数据预期用途为评估问题时，需利用收集的数据来评估未知的总体参数并同时报告评估的不确定度（例如，标准偏差或置信区间）来检验数据的代表性。环境采样通常是在空间中进行，环境监测数据往往具有空间属性的，可综合确定各参数满足监测目标的数据空间采样精度，作为验收标准。精度，也称分辨率，是描述误差分布离散程度的一种度量，表达空间、时间或专题认知的详细程度，其统计意义是样本接近总体的程度。数据精度分为空间精度和时间精度，可采用空间、时间尺度或数据误差表示。注意，高分辨率不一定是更好的，当采样数学公式模拟空间对象时，常要求低空间分辨率数据。

对于数据精度的评估方法，不同类型的项目要求不同，对于空间中的环境数据，这里提出采用 Kriging 方法计算空间采样精度和站点空间精度。

1）数据精度方法

（1）估计值与不确定度。

监测获得的数据必然存在变异性和不确定性，由收集的数据产生的估计值也必然存在不确定性。报告实际的估计值时，需要同时报告不确定度的大小。通过设计适当的数据收集程序，可以适当地控制参数估计值的不确定度水平，使其达到可以接受的程度。

与所收集的数据有关的偏离和精密度直接影响参数估计值的不确定度。偏离和精密度（统称为精确度）是数据质量的两个主要属性或特征。偏离代表系统误差（即在某一特定方向上产生的恒定误差或持续失真），精密度代表随机误差。

①环境监测中经常使用的估计值。

环境管理上通常对评估“平均”状况和/或“极端”状况感兴趣。在设计一个监测项目时，调查的第一步就是选择一个简单的统计方法。在很多情况下，相当于为决策制定一个决策规则。统计方法的选择应考虑样本分布的基本形态。如果分布是不对称的（非正态分布），用平均值估计平均状况可能不大合适，用中位值也许更为恰当。在某些情况下，对数据集进行转换可能是有益的，如对数转换，但数据转换后的估计值往往很难解释。对于选定的估计值给出测量的不确定度或精密度很重要。为此，在数据收集的规划阶段，就应该努力表达期望的不确定水平，针对要达到的标准（数据的类型、数量和质量）进行采样设计。在估计值以及斜率、比率甚至轮廓线附近（如等值线）建立置信区间和其他不确定度指标。

经常使用的估计值如下：

- 平均值或中位数，表征总体的“平均”特征；
- 上百分位数，上置信限（UCL）的或容许上限，表征一个总体的极端值；
- 保守的中心趋势估计值（例如平均值的95%UCL），用于风险评估暴露点的浓度；
- 斜率或比率，可用于建立二元关系模式；
- 总的研究方差估计值，用于后续的数据收集工作或改进监测方案；
- 测量的偏离和精密度以及相关的检出限或定量下限的估计值，用于确定一个测量方法是否适合于测量一个特定的浓度范围；
- 过程速率，如流速、污染物在沉积物中的生物媒介转移率、受污染的水迁移速率、污染物在环境中的半衰期等；
- 毒性估计值或毒性参考值；
- 预计达到或超过某一感兴趣浓度的位置和面积的空间轮廓（环境“热点”）；
- 总体规模，如总生物量、初级或次级生产力；
- 比例，如超标率。

②参数估计不确定度的表示方法。

标准偏差：可以用绝对偏差或相对偏差表示。

统计区间：将单点估计值扩展到涵盖该可能值的区间（置信区间或置信限、容许区间或容许限、预测区间或预测限）。

通过选择一种方法表达不确定度，量化不确定度的执行指标。与统计假设检验类似，可以容忍的不确定度指标，源于对高不确定度可能产生的潜在后果的考虑，是在权衡了该后果与现有资源和可能遇到的其他方面的限制之后，所做出的规定。

- 标准偏差：标准偏差的计算经常依赖于数据的量、基本分布以及用于计算参数估计值的数据的变异性等因素。标准偏差可以用参数估计值的绝对形式或相对形式表示。当标准偏差用相对形式表示时，更容易规定标准偏差大小的指标。这个规定有助于为所收集的数据建立执行或验收标准。

- 统计区间：量化不确定度的一个方法是在估计值附近构建一个统计区间。由样本数据可以构建各种各样的统计区间。最常用的统计区间是置信区间、容许区间和预测区间。适当的统计区间取决于具体的应用。

统计区间的选择，首先要搞清楚监测的主要目的，是描述样本的总体，还是预测同一总体中未来样本的结果。其次要描述总体的区间，包括总体平均值的置信区间或总体标准偏差；容许区间包含具有制定概率的总体的某一部分；而预测区间则包含未来的单个数值、平均值或标准偏差。

（2）置信区间。

置信区间是一个由样本数据估计总体参数的区间，由两部分组成，一部分是由数据计算得到的区间，另一部分是与该区间有关的置信水平。置信区间一般用估计值加减误差范围表示。误差范围决定置信区间的宽度。与置信区间相关的置信水平赋予该区间在重复采样时捕获总体参数的概率。因此，可以由置信水平推断出该区间包含参数真值的信心程度。置信水平常用百分比表示，如置信水平为 90%。置信水平越大，置信区间越宽，对该区间包含参数真值的把握就越大。因此，要在置信水平和区间宽度之间权衡利弊。

最常见的置信区间是一个包含总体平均值的置信区间。对于任何感兴趣的总体参数，都可以为它构建一个置信区间。

①构建总体均值置信区间的方法。

首先计算一个样本的均值及其标准偏差，然后根据样本数量和置信水平查表，并在其附近构建置信区间。置信区间的误差范围，依赖于对总体分布所作的假设和样本的标准偏差。统计区间的建立会受到异常值的强烈影响。当没有异常值时，特别是当总体分布大致对称时，用置信区间来表示假设正态分布的偏差还是非常稳妥的。

双边置信区间和单边置信区间（置信限）的区别：双边置信区间有上限和下限，上下限的两边通常由与总体参数有关的相等数额的不确定度构成。当需要以一定程度的把握构建一个包含总体参数的封闭区间时，使用双边置信区间。单边置信区间或单边置信限，根据情况被限定为双边置信区间的上半部分或下半部分。在环境监测与评价中，多数参数关心的是上限，少数关心下限。

②构建置信区间的假设。

随机采样的假设对于任何类型的统计区间都是至关重要的。统计区间只考虑采样过程中固有的随机误差，而不考虑由于非随机采样导入的偏离。

除非样本容量非常小和/或来自正态的偏离是极端值，总体均值的置信区间对于来自正态的偏离是非常敏感的。因此，一个平均值的置信区间使用于大多数情况，即使样本没有严格地满足正态分布的假设，但由此产生的置信区间是近似的而不是精确的。

如果数据为非正态分布或者样本容量很小不适合做正态检验时，可以使用非参数或“自由分布”检验法构建总体均值的置信区间。非参数检验建立统计区间时，不依赖于分布参数，很少做或者根本不需要做关于样本数据分布的假设。因此，非参数检验的主要优势在于当基本的总体分布状态未知时，提高检验的可靠性。

使用非参数法构建统计区间也有一些限制。一般来说，对于同一总体参数，期望非参数区间的精度达到与参数区间相同的置信水平时不可能的。非参数区间的另一个特点是，它比依赖于分布的参数区间宽得多。为了减少非参数区间的宽度，需要比较大的样本容量。

虽然“自由分布”或非参数区间有一定的局限性，但它们仍然有用，因为与其他构建方法相比，它们都不受分布假设的限制。当违反其基本假设构建参数区间时，会导致不正确的统计区间。

③为置信区间确定一个可接受的精密度水平。

通常需要通过在给定的置信水平下在规定的数量内对未知的参数进行评估来确定。为此，应对置信区间的最大宽度（或误差范围，或半宽度）提出具体的要求。在给定的置信水平下，置信区间的宽度取决于用来计算置信区间的数据量、数据的精密度或变异性。因此，在规定置信区间的最大宽度时，要制定计算该区间时使用的数据量和精密度指标。

④置信区间宽度的控制。

平均置信区间的宽度，直接与用来计算该区间的样本数据的误差幅度有关，误差幅度越大，置信区间的宽度也越大。减少置信区间宽度的方法有 3 种：减少变异、增加样本容量和降低置信水平。一般来说，减少数据的变异实际上很难做到。因此，一般是增加样本量。当置信水平增加时，置信区间宽度也增加。

上置信限（UCL）和下置信限（LCL）：置信区间是在感兴趣的估计值附近构建起来的一个值的范围，其中包括数据的变异性和估计值的变异性。置信区间的上界称为上置信限（UCL），下界称为下置信限（LCL）。

⑤解释置信区间的结果。

置信区间的目标是以一定的置信水平作关于总体参数的推断。解释置信区间时应该包括一份关于总体参数和置信水平的说明。

事实上，我们不会知道总体参数是否真正落在计算的区间之内。但无论总体参数在或者不在计算的区间内，它都是一个未知的固定量。置信水平是总体参数落在置信区间内的信心的反映。置信区间建立在随机收集的样本数据基础之上，就其性质而言，易受采样变异的影响。由于这种变异，使得计算的区间优势会将感兴趣的参数拦截在区间之外。因此，只有在一个确定的百分比之下，统计区间才有意义，这个百分比就是置信水平。

⑥设定置信水平的方法。

对于一个指定的宽度，应根据该区间包含参数真值的重要性来设定置信区间的置信水平。90%~95%置信区间是最普遍使用的统计区间，尤其是95%置信区间最为常见。若要求计算的区间以一个很高的置信水平包含真实的参数值，则可能需要99%或更高的置信水平。反之，若只需要有适度的信心，则90%甚至更低的置信水平也是可以接受的。

当重要的统计假设得不到满足时，也可以考虑采用比指定的置信水平更低的置信水平。

（3）容许区间。

容许区间类似于置信区间，用于描绘一个总体参数的不确定度。不过，容许区间的参数是一个指定的总体分布的比例。估计的容许区间应该包含该总体中一个特定比例的值。与置信水平的概念相似，不可能有100%的把握认为该区间会包含某个特定的比例，只可能有一定比例的把握。确定容许区间有关条件有：置信水平和一个百分比。例如，我们有90%的把握认为，总体的90%会落在由该容许区间所给定的范围内。

实践中很少使用整个容许区间，环境监测项目中经常对容许区间的上限（UTLs）感兴趣。用容许区间的上限来表征数据分布的上尾部区域。选择一个百分数并在该值附近构建一个置信区间。第 p 百分位数就是这样一个值，它使得至少有 p%的数据项小于或等于这个值，且至少有（$100-p$)%的数据项大于或等于这个值。如果将一组数据按大小排序，并计算其相应的累计百分位，则某一百分位所对应的数据值就称为这一百分位的百分位数。表征一个分布的上尾部区域时，选择一个较大的百分位数（95^{th}或99^{th}）和一个较高的置信水平（95%）构建容许区间。而该区间的上限常被用来做各种环境背景值。以这种方式构建的容许区间的上限提供一个保守的估计值，它可能达到有时甚至超过最高的观测值。

①容许区间上限在环境监测与评价中的应用。

容许区间上限经常被用来建立代表环境背景浓度的简单基准。根据目标区域长期监测数据可以计算容许上限。

②计算容许区间需要的假设。

构建容许区间时需要的最关键的假设是构建该区间所用的数据代表感兴趣的总体，而且样本是随机收集的。为了确保评估的不确定度是由随机过程引起的，而不是由系统偏离引起的，采用基于随机原理的采样设计来收集数据至关重要。如果违反了该假设，则由这些数据建立的容许区间没有任何实用价值。

遵循正态性假设，对于容许区间比其他统计区间更为重要。因为容许区间倾向于关注分布的尾部，在这部分偏离正态分布更加明显。当真正的基本分布为非正态时，计算的容许区间可能完全是错误的。以高置信度涵盖大的总体比例构建容许区间时尤其如此。如果参数不能满足正态分布的假设，可以构建非参数容许区间或“自由分布”容许区间。

（4）预测区间。

置信区间和容许区间的估计值代表总体特征，而基于先前收集的数据得到的预测区间的估计值则代表未来的值。像置信区间和容许区间一样，预测区间也引入了置信水平的概念。例如，为了预测下一个样本测量值的范围，首先组要指定一个置信水平，然后计算当前总体的平均值和标准偏差。另外还需要确定有多少个采集周期，每个采样周期收集了多少样本。一旦这些因素确定后，就可以估计未来观测值的区间。预测区间总是大于置信区间。

①预测区间在环境监测与评价中的应用。

预测区间可用来根据先前收集的数据预测未来的测量值。对于未来的测量值，关注的往往不是感兴趣的预测区间，而是它的上限。因此，通过对下一个未来的测量值提供一个上限，并说明下一次测量值不会超过这个预测上限的信息程度。

②与预测区间有关的假设。

与置信区间和容许区间相同，假设样本数据的收集是基于随机原理的采样设计对于预测区间也很重要。当构建预测区间时，没有考虑使用简便的或判断采样程序收集的数据而引入的数据偏离。构建预测区间的另一个假设是正态假设。但预测区间对于正态偏离不敏感，除非未来的样本容量非常小或者存在偏离正态的极端值。当不满足正态假设时，个别未来事件的预测区间可能不准确。如果违反正态假设，可以构建非参数或“自由分布”预测区间。

3.5.4 输出

步骤3，确定监测验收的评估方法和标准的主要输出有：

（1）对于空间采样站点，规定满足监测目标的空间精度的计算方法和验收标准。

（2）对于数据预期用途为决策问题，需要进行统计假设检验，输出执行或验收标准，包括：

①规定符合基线条件的各种可能的感兴趣参数的真值范围；

②规定包含感兴趣参数可能值的灰色区域；

③在灰色区域的边界出设置可以容忍的误判限。

（3）对于数据预期用途为评估问题，需计算置信区间或按需要制定空间精度，输出执行或验收标准，包括：

①置信水平。规定该区间包含参数真值的可能性；

②置信区间宽度。可以用绝对值或相对值表示。

③空间精度。空间采样精度或站点空间精度。

3.6 步骤4：设计监测方案

为了使监测与评价结果得到利益各方的认可，需要进行详细的监测方案设计。监测方案的设计要保证数据的代表性。代表性是反映数据质量的一项重要的指标，只有在明确数据使用目的的背景下，代表性才可以得到适当的解释。

从环境参数选取角度来看，代表性是能反映环境中受害资源的代理参数。

从采样站点设计来看，它追求的是从空间上实际测量反映采样单元的程度以及样本实际上代表目标总体的程度。解决代表性的一个重要方法是在监测设计中妥善地规定样本的数量和采样站点。

从采样频率来看，代表性是要从时间上实际测量反映采样单元的程度以及样本实际上代表目标总体的程度，有时采样时间只要求代表目标环境某些特定时间段（如平水期、丰水期、枯水期）。

监测方案应明确、详细，便于执行。监测的指标参数、站点、频率等不是越多越好，只要能够满足监测目标和执行或验收标准，要在成本（或预期成本）和产生数据的能力之间进行最佳平衡的设计。

3.6.1　主要任务

设计监测方案包括两方面内容：一是定义目标总体，包括监测范围和监测参数；二是采样设计，包括采样站点、采样频率和时间设计。

详细的监测设计方法将会在后面的章节介绍。

3.6.2　定义目标总体

1）界定监测范围

规定感兴趣总体的特征、空间和时间的限制、决策规模以及数据收集的实际限制。应从时间和空间两方面界定监测的范围。

2）确定监测参数

监测参数是由采样样本确定的、某变量总体的函数，如溶解氧的含量、浮游动物密度、浮游动物种类数之类。根据监测目标，采用适当的方法（专业判断、逻辑推理等）确定监测参数。

3.6.3　采样设计

1）设计采样站点

站点设计方法有两种类型：非概率统计法和概率统计法。非概率统计法主要有判断法、模拟法等。常见的概率统计法有：简单随机采样法、分层采样法、系统和网格采样法等。

以概率统计为基础的采样法可适当地表征数据收集过程结果的不确定度，允许作出关于目标总体的定量结论，同时还可以通过计算置信区间、控制误判概率等适当地表征这些结论的不确定度。

2）设计采样频率和时间

从监测参数在目标环境的时间变化特征出发，设计满足监测目标的采样频率和时间。

3.6.4 输出

步骤4，设计监测方案的输出主要有：

（1）监测范围；

（2）监测指标参数；

（3）采样站点；

（4）采样频率和时间。

3.7 步骤5：制定监测计划

监测计划就是数据获取计划，主要是针对监测方案中的内容分配资源和安排进度，处理监测方案中的内容，还需要包括：获得环境数据的技术手段、任务的分配、资源的获得和利用、健康安全环保、数据的传递、成果的管理等。监测计划要明确、具体，每项工作任务都落实到责任者，并有明确的时间限制。监测计划要以设计说明文件的形式给出。

3.7.1 主要任务

这一步的主要任务有：①制定采样计划；②制定样品测量计划；③规定成果的传递和管理。

3.7.2 制定采样计划

采样计划应详细规定采样项目、采样站点、采样时间、采样频率、采样方法、样品处理和保存方法、质量保证方法、人员安排和任务分配、健康安全环保措施等。

在环境监测中，采样往往是监测与评价中成本最大、实施最困难的部分。采样计划要根据监测方案的要求，平衡可获得的监测资源，优化任务分配和进度安排，最有效地利用资源。

3.7.3 制定样品测量计划

样品检测计划应详细规定样品测量方法、执行标准、质量控制要求以及任务分配和时间期限要求等。

3.7.4　成果的传递和管理

详细规定监测成果的传递和管理要求，认真落实到负责部门或责任人，并规定时间期限。

3.7.5　输出

步骤 5，制定监测计划的输出主要有：

（1）最终监测设计的全部文件；

（2）实施监测方案的采样和测量计划以及成果传递和管理的详细介绍。

3.8　步骤 6：制定反馈机制，优化监测方案

对于长期执行的持续性监测项目，在更新了环境信息后，应进行监测方案的评估和优化。

3.8.1　主要任务

这一步的主要任务是：①评估已实施的监测方案；②优化下一步监测方案。

3.8.2　评估已实施的监测方案

即使一个监测方案和实施计划非常完美，也不可能完全消除管理决策方面的决策风险：有时环境出现负假现象（第一类错误），有时出现正假现象（第二类错误）。当然，尽管监测工作有风险和不足，通过实施监测方案，它总能减小管理方面的决策失误。

监测方案付诸实施后，可以获得监测结果的精度或置信水平。对于一些长期持续性监测项目，评估已实施的监测方案可以为改进监测方案提供信息。

3.8.3　优化监测方案

通过实施监测计划，获得更多的环境信息，将这些信息反馈到监测方案设计程序中，制定优化的监测方案。

优化监测方案，是一个不断滚动的过程。

3.8.4 输出

步骤6，制定反馈机制，优化监测方案的输出主要有：

（1）已实施的监测方案评估；

（2）优化的监测范围、参数、站点和时间频率；

（3）优化的监测设计的全部文件。

第 4 章　定义目标总体——监测边界和参数的设计方法

环境监测规划设计需要定义监测的目标总体。环境监测的目标总体主要包括两个方面：①时间和空间范围，即监测边界；②监测参数。

4.1　监测边界设计

4.1.1　监测边界划分

监测边界的确定，是监测项目首先要解决的问题。通过确定监测边界，界定目标总体的时间和空间范围。建立适当的时空边界，在制定监测采样设计中非常重要，因为：①大部分监测参数随时空尺度变化而变化，不存在适合所有参数的“万能边界”；②在大区域内发生的污染状况，一般要经历一段相当长的时间，反之亦然；③环境中的时空变异，往往不能清楚地解释监测结果；④由于政治、社会、经济等因素影响，需要确定管理上的边界。

根据我国环境监测的实际状况，可将监测边界分成 5 种：①空间地理边界；②空间生态边界；③空间动力边界；④项目空间边界；⑤时间（尺度）期限。监测边界的设计，主要是依据监测目的，采用专业判断法确定，并要采纳利益相关者的意见。

4.1.2　各类监测边界含义

1）空间地理边界

空间地理边界包括两种：一种是自然的地理边界；另一种是依据管理需要的地理边界。

自然的地理边界是根据区域自然地理特征划分的，如海湾、海峡、河口等。

管理的地理边界主要是从行政区域划分，根据各级管辖区域分为国界、省（自治区、直辖市）界、市界、区（县）界。空间管理边界应采用最新的地（海）图来确定。

2）空间生态边界

空间生态边界主要是根据生态系统区系划分。以海洋为例，按地形地貌有海湾生态系统、河口生态系统、近岸生态系统等；按水文动力条件可划分的典型生态系统有黑潮流域生态系统、上升流生态系统、沿岸流生态系统等；按生物间种群划分的典型生态系统有珊瑚礁生态系统、红树林生态系统、海草床生态系统等。海洋生态系统往往跟水团关系密切，水团划分的方法为空间生态边界提供了一种可靠的参考方法。采用生态参数的聚类分析，也可为空间生态边界划分提供参考。

3）空间动力边界

空间动力边界是根据区域大气、地表水、地下水或海洋动力特征划分，如海洋可有沿岸流区、上升流区、扩散型海区、沉降型海区等。在排污口、河口等染物扩散区域监测中，采用动力方法确定空间边界是有必要的，这涉及结合污染源强和动力模型模拟大气或水质，预测影响的范围和程度。

4）项目空间边界

项目空间边界是指工程项目环境影响的范围。在工程项目环境监测中，需要确定项目环境监测的空间边界。在工程项目监测技术规程中，可能会有一些相应的规定。对于影响范围较大的项目，仍需要根据预测的影响范围，结合实际监测获得的结果，优化监测边界。

5）时间（尺度）期限

环境监测项目有的可能是长期重复性的，但任何具体的环境监测项目都有时间期限。环境监测时间期限一般根据出资人或任务下达者的要求，并结合监测本身的技术要求确定。一般政府常规监测任务以年为基本的时间单位，长期监测计划可能会持续很多年。工程项目的环境跟踪监测时间主要为工程实施期间内。环境污损事件的监测一般持续到污染基本消除或环境基本恢复之后。

4.1.3 监测边界的确定

有些监测项目的监测边界是明确的，比如政府出资的区域环境质量常规监测，空间上一般是管辖的行政范围，时间上一般以日历年为期限。涉及识别环境影响的监测边界（如排污点、建设项目施工），一般以预测的环境影响范围为基础，适当增加对照区域确定边界。涉及生态系统的监测项目，其监测边界往往较难确定，往往需要收集较多的区域环境资料，进行统计分析并结合专业判断确定。

确定的监测边界应得到出资（委托）人及相关利益各方的认可。

4.2　监测参数设计

一个环境监测项目的信息目标定量确定后，便可依次选择监测参数。这些监测参数一般不应以同样的频率测量，但在环境监测中，可能存在关键的制约资源（如海洋环境监测中的船舶），在边际成本增加较少的情况下，可能会以同样的频率测量不同的参数。在环境质量监测中，许多环境质量参数是通过评价间接从其他相关监测参数中获取的，因此，重要的是要把报告期望获取的环境质量定义转换成环境质量监测参数。

对于一般监测污染物质的监测项目，监测参数比较明确，一般以特征污染物为主，加以必要的辅助参数。而对于环境质量类监测项目，监测参数的确定是非常复杂的，本部分主要讨论这类复杂型监测项目的监测参数设计。

对于环境质量类监测项目，监测参数的设计遵循环境问题——受害资源——环境要素——监测项目——代理（指示）参数的流程，可以采用因果分析法进行辅助设计。这里实际上包含监测要素和参数两个层次。

4.2.1　环境问题和受害资源分析

4.2.1.1　环境问题

环境问题是环境科学面临的、政府与公众关心的，且与人类生活和生存密切相关的问题。环境监测要针对解决环境问题，特别是环境管理者关心的问题，为环境管理或决策提供充分的、可靠的信息。管理者在决策中，一般需要环境监测者提供以下信息：①目前环境存在的具体问题，并预测这些问题可能会造成的后果；②处理这些问题的具体对策；③解决这些问题的把握；④解决这些问题需要的资源和经费；⑤其他的建议。

1）环境问题的一般形式

环境问题发生在一定的时空尺度上。要回答什么位置出现了环境问题？与位置关联的特有环境空间模式是怎样形成的？为什么会发生？未来演变趋势如何？以及采取什么样的措施、政策来解决这个环境问题。

2）常见的环境问题

环境科学家经过多年的研究，已发现了许多环境问题，并将它们归纳为不同的种类。

1990年，美国EPA将人类环境风险归纳为：①大气污染；②水污染；③生物多样性损失；④土壤污染；⑤人类环境健康（包括食物供应问题）；⑥增长的资源利用和全球气候变化问题。它们都有严格的时空位置，处理时不仅需要经典统计学方法，还可能需要采用时间序列分析和更复杂的统计方法（如地统计、贝叶斯方法）。

2003年美国PEW海洋委员会给国家的报告中提出了对海洋的主要威胁：①非点源污染；②点源污染；③外来物种入侵；④水产养殖；⑤海岸带开发；⑥过度捕捞；⑦生境改

变；⑧连带捕捞；⑨气候变化。

以海洋为例，目前的海洋环境监测项目，总结起来涉及6个主要方面：①污染；②生物群落；③外来物种入侵；④气候变化；⑤突发环境事件；⑥资源与沿岸土地利用。需要说明的是，随着社会的发展和科学认识的深入，新的环境问题会不断出现或被发现、被认识，而原来认为的环境问题，也可能不再是问题。

4.2.1.2 环境中的受害资源

环境问题之所以成为问题，是因为环境问题发生后存在受损者，即受害资源。环境是一个复杂的系统，一个环境问题作用的受害资源可能不止一个，同时，一个受害资源可能遭受多个环境问题的损害。

目前，环境中的受害资源主要有：人体健康、经济生物、珍稀或濒危生物、生物多样性、空间资源等。

1）人体健康

人体健康是首要关注的受害资源，对于人体健康造成损害的主要是污染问题。通过食用受污染的海产品或接触受污染的环境介质，人体会遭受直接或间接的健康损害。

2）经济生物

经济生物资源是生态系统对人类的重要价值所在，污染损害、栖息地的破坏、过度利用、生态退化、外来物种入侵等因素，都会对经济生物资源造成损害。

3）珍稀或濒危生物

珍稀或濒危生物往往是生态系统中关注的焦点，往往对生态环境的退化较敏感，是环境监测关注的“热点”之一。

4）生物多样性

生物多样性是生态系统健康的核心体现，生物多样性的降低可能预示着生态系统在退化，污染损害、生态破坏和外来物种入侵等都可能导致生物多样性的降低。

5）空间资源

从事农业、工业等生产活动，除了需要空间资源外，也对生态环境有要求。环境问题对空间资源的不利影响主要体现在两个方面：一是可利用的空间资源缩减或丧失，例如环境退化导致土地沙化；二是环境质量下降导致可利用的空间资源减少，如环境质量恶化导致养殖用海、旅游娱乐用海资源减少或质量下降。

4.2.2 环境要素、监测项目和监测参数

环境要素也称环境基质，是构成环境各个独立的、性质不同的而又服从整体演化规律的基本物质组分，如海水、大气、沉积物和生物等。

监测项目是样本单元中按性质分类的现象或实体，包括物理的、化学的和生物的，如

温度、溶解氧、浮游动物。

监测参数是由采样样本确定的、某变量总体的函数，如海水中溶解氧的含量、浮游动物密度、浮游动物种类数、浮游动物生物量。

从监测参数的学科角度分类，监测参数可分为物理参数、化学参数、生物参数、地理参数、社会学参数等。

（1）物理参数：描述环境介质物理状态的参数，如温度、流速、流向、气压、风速、风向、放射性等。

（2）化学参数：环境介质或污染物中化学物质的含量，如水体中重金属、持久性有机污染物、营养盐等的含量。

（3）生物参数：生物物种、群落、生态系统、景观等状况参数，如生态系统类型、生物种类数、生物密度等。

（4）地理参数：描述地形、地貌等地理特征的参数，如海岸线、河流等。

（5）社会学参数：描述区域社会经济状况的参数，如人口、生产总值、产业结构、污染物排放量等。

从监测参数在监测系统中的作用考虑，环境监测参数可分为如下三大类。

（1）优先监测参数：代表环境“热点”的特征参数，重点监测对象。

（2）辅助性监测参数：对于评估环境问题起辅助性的参数，如气温、海水盐度、水温等。

（3）可选择的监测参数：按地点、主导功能区和测定意义选用，如营养盐、重金属、有机氯化合物等的含量。

4.2.3　环境质量监测参数选择原则

在对环境系统了解有限的情况下，可能会希望监测的参数越多越好，以求尽可能少地承担风险。其实，新的环境问题会不断被发现，新的环境科学认识会不断提出，在环境质量监测设计中，完全“保险”的方案是很难实现的。另外，实际的监测资源限制也不允许监测所有的参数，需要从众多参数中选择有代表性的参数。

在环境质量监测中，选择代理参数一般要遵循以下基本原则。

（1）监测参数必须与所要回答的特定影响和受害资源紧紧联系在一起，且对变化反应灵敏。监测参数状态的变化，必须清楚地反映出受害资源的变化。二者的联系程度，要取决于对系统了解的深度和对监测过程了解的广度。在一致体系中，只知道哪种参数应该测量，以及如何从这些参数中得到资源现状的结论。当对一个系统缺乏足够的了解时，就不可能明确地指出要测哪个参数，才能代表资源的有意义变化。

（2）监测参数与要回答的特定影响和受害资源之间应能给出因—果关系，能描述反应的特定性和可靠性。当对环境系统了解甚少时，初始研究和模式能帮助选择要测量什么参数。为此，应使用可靠的信息作出目前要监测什么参数的正式决定。

（3）监测参数具有可靠的分辨能力，采样的代表性（信号—噪声比）较好。监测参数本身应该有深刻的内涵和外延，能用最少的采样，获取最大的信息量，对环境质量做出精密准确的估计。高度变异的参数或未知统计分布的参数往往妨碍从监测数据中得出有意义的结论。这样的参数作为常规监测项目是不适宜的。

（4）监测参数应尽可能测量方便、成本较低。监测资源总是有限的，选择的监测参数过多往往导致监测方案无力执行或不得不降低采样密度。

4.2.4 环境质量监测参数选择方法

有限的监测资源应该分配到那些最重要，而且能对整个环境状况起关键作用的参数上。在筛选监测参数时，可采用专业判断法、因果链分析法等方法。

1）专业判断法

专业判断主要是基于长期积累的环境科学研究成果和设计者自身的专业技术和经验做出监测参数的选择。对于选择的监测参数，还应从逻辑分析其合理性。

2）因果链分析法

全球国际水域评估（GIWA）建议用因果链分析以深入了解问题的根本原因，该方法用于监测参数的筛选有实用价值。

以疏浚物海洋倾倒区监测参数选择为例，其环境影响因果关系如图 4-1。

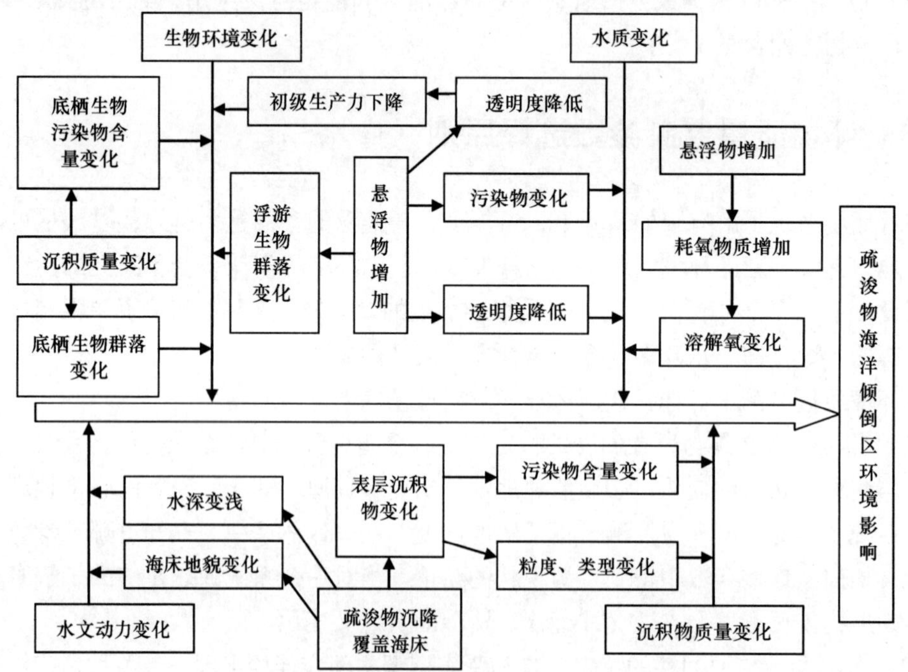

图 4-1　疏浚物海洋倾倒区环境影响因果关系

根据因果分析，对监测指标中的必测指标进行优化，考虑污染物累积效应的优先监测参数为：①地形地貌——倾倒区内水深、地形变化情况；②水质——透明度、悬浮物含量；③沉积物质量——粒度类型和有机碳、硫化物、石油类、汞、镉含量；④海洋生物——底栖生物数量与种类；⑤生物质量——底栖生物体内石油烃、汞、镉含量。辅助性监测参数和可选择的监测参数则可根据倾倒区具体情况另行确定。

4.2.5　监测参数优先考虑方法

这里介绍超过环境标准概率的方法[①]。

假定监测参数的样本数据服从正态分布，单个样本超标的概率可定义为：

$$P(X > X_S) = P(Z > Z_\alpha) = \alpha \tag{4-1}$$

$$Z_\alpha = \frac{X_S - \mu}{\sigma} \tag{4-2}$$

式中，Z 为正态分布的标准正态变量；X_S 为环境标准；μ 为总体均值；σ 为总体标准偏差。

当 Z_α 确定后，在正态分布表上 $Z=Z_\alpha$ 对应的 α 值即为超过标准的概率。对于溶解氧含量因为低于标准值定为超标，Z_α 的计算结果应采用相反的符号。

如果样本均值服从正态分布，均值超过标准的概率可表示为：

$$P(\overline{X} > X_S) = P(Z > Z_\alpha) = \alpha \tag{4-3}$$

$$Z_\alpha = \frac{X_S - \mu}{\sigma/\sqrt{n}} \tag{4-4}$$

如果总体标准偏差是未知的，则必须采用 t 变量来定义，即：

$$P(\overline{X} > X_S) = P(t > t_\alpha) = \alpha \tag{4-5}$$

$$t_\alpha = \frac{X_S - \mu}{S/\sqrt{n}} \tag{4-6}$$

超标概率高的参数，要优先于超标概率低的。注意，用主成分分析法给监测参数排序来确定优先顺序是没有依据的，不适用于环境质量监测。

① 郭治清．水质站网设计与水质采样．北京：科学技术出版社，1993，158-159.

第5章　环境监测采样设计

环境采样是环境监测的基础。采样设计旨在确保监测获得的数据足以代表目标总体，而且对于其使用的目的是可辩护（可防御）性的。如果环境采样错误，则无论采用多么精确的测量方法，无论怎样进行后期的统计计算，其结果都不可能正确地反映环境问题，也无助于解决环境问题，这就是统计上令人头疼的“垃圾进去，垃圾出来”。实际上，环境监测中的采样误差往往会超过样品的测量误差。因此，选择合适的监测采样设计方法，使数据的质量和数量满足决策或评估的要求，才能使环境监测结果得到相关利益各方的认可。

环境监测采样设计应该与项目的需求以及可利用的资源相匹配。需求通常包括监测目标和可以接受的误差或精度。资源通常包括人员、时间、经费和其他采样资源。采样设计的目的就是利用一切可利用的信息和资源收集数据，以满足决策或评估的需求。采样设计重点应考虑时间、人力和物力资源的有效利用。一个完善的采样设计应该以最少的资源消耗来实现监测目标。如果资源有限或者监测目标不止一个，在设计中可能需要考虑使用一些折中的办法。在环境监测中，采样成本往往是监测各环节中最高的。良好的监测采样设计，对于控制监测成本是非常重要的。

5.1　环境监测采样设计的目的和任务

环境监测采样设计是数据收集的基本组成部分。采样设计的目的是解决与监测目标有关的数据的代表性。数据的代表性是测量得到的那部分数据能够准确、精密地反映目标总体真实状况的程度，其中包括采样站点、采样过程或环境条件等参数的变化。若采样设计导致收集的数据缺乏代表性，即使实验室测量的质量再高也不能弥补这种缺陷。

在环境监测中，监测采样设计需要完成的任务主要有两个：一是采样站点设计，包含样品的数量和采样位置；二是采样频率和时间设计。

对于数据预期用途为决策问题，采样设计的主要任务是制定决策规则，规定对错误拒绝误判或错误接受误判概率的限制（误判的容许限）。通过确定感兴趣的参数、行动水平，决策规模以及多个替代活动，为决策者在替代活动中进行选择提供合理的解释。对于数据预期用途为评估问题，主要任务是规定在期望的置信水平下可以接受的估计值的不确定度。

5.2　环境监测采样设计组成

一个完整的环境监测采样设计包括样本数量和具体样品的标识（采样点位和采样时间等）。应采用规范的设计方法确保所收集数据的种类、数量和质量满足解决研究问题的需要。除此之外，一个完整的环境监测采样设计还应包括对样本数量、采样点位和采样时间的解释和说明。在监测计划中，还应该明确规定如何对采集的样品进行测量。

样本总量的变异性和空间结构对采样设计是很重要的，环境监测采样设计主要考虑的方面包括：

（1）最佳的样本数量；

（2）决定这些将要采集的样本的空间分布（即空间位置，站点、层次）；

（3）决定这些将要采集的样本的时间安排（时间和频率）；

（4）有时还需要进行采样的费用分析。

一个准确的采样方案应保证这些样本能很好地代表监测的目标总体。设计方案也要尽量减少偏差或由人为判断引起的系统误差（即保证补偏）。环境监测采样设计可能还需要提供质量控制和质量保证问题。

5.3　环境监测采样设计方法分类

5.3.1　基于设计的采样和基于模型的采样

环境监测中，常立足于两种采样方式——基于设计的采样（design-based sampling）和基于模型的采样（model-based sampling）[①]。

5.3.1.1　基于设计的采样

基于设计的采样是以经典概率采样为基础选择样本，基于样本设计进行统计推断，其情景见图 5-1 中的 A 和 B。基于设计的采样假定目标总体是固定不变的，采样过程中要引入随机性，以发现总体的变异。基于设计的采样通过采样的随机性来消除变异的影响。基于设计的采样一般适用于获取目标总体参数的区域统计值，如均值、比例、分位数、方差、容许区间等，也适用于目标总体中一个或多个子区域或点的估计。

5.3.1.2　基于模型的采样

基于模型的采样引入模型方法（最常用的是地统计学模型）进行统计推断，采样是针对性的，少数情况下也采用随机采样，其情景见图 5-1 中的 C 和 D。基于模型的采样使用

① 聂庆华，Keith C. Clarke. 环境统计学与 MATLAB 应用．北京：高等教育出版社，2010，97-99.

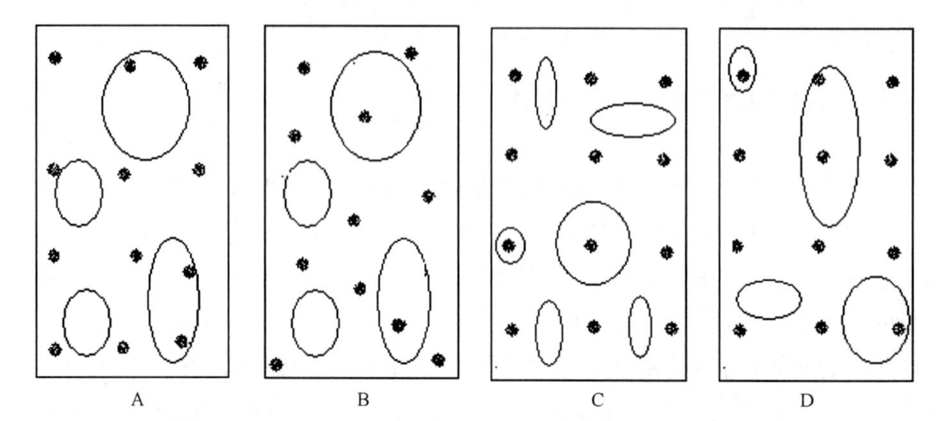

图 5-1 基于设计的采样和基于模型的采样情景（椭圆为参数分布，黑点为采样位置）
①A 和 B 为基于设计的采样情景，参数的分布相同，采样的点位不同；②C 和 D 为基于模型的采样情景，采样的点位相同，参数的分布不同

模型来解释总体的变异，这些模型引入了随机性，把随机性作为总体的一部分，因此不再需要随机采样。基于模型的采样主要应用于以下情形：①估计目标时空中单个点的参数值，或者是目标总体的参数时空分布图；②参数在目标总体中存在强烈的时/空间自相关；③参数在目标总体中有一个可靠的变异模型。

5.3.1.3 基于设计的采样与基于模型的采样区别

基于设计的采样和基于模型的采样使用不同来源的随机性，产生不同的统计结果，存在以下差别。

1）情景假设不同

基于设计的采样，假设参数在目标总体中的分布是未知且固定的，通过随机采样，评估参数的特征和变异。基于模型的采样，假定参数在目标总体中的分布是未知且变化的，采用固定位置的采样，选择模型来描述参数的变异，模型不同，参数的分布模式也不同。

2）统计推断的方式和结果不同

基于设计的采样，是以随机采样设计为基础，以经典概率统计方法处理样本，对目标总体作出推断，样本的时空位置往往不影响推断。基于设计的采样可以实现有效推断，推断结果由采样方式和统计推断方法确定，任何人分析样本数据得到的结果都相同。基于模型的采样是以固定点位采样为基础，以随机模型为基础进行统计推断，样本的时空位置对于随机模型的确定至关重要。基于模型的采样统计推断以随机模型为基础，模型和参数的选择都会导致结果不同。例如地统计法插值，变异函数的选择影响插值结果的不同。

3）应用的情形不同

基于设计的采样主要用于估计总体的统计值，更适合于离散总体。基于模型的采样主要用于时空中点的分析，更适合于连续总体，参数的时/空自相关性要比较好。

5. 3. 2　采样站点设计方法分类

国内外在环境监测站点设计中应用的方法很多，归纳起来主要有概率统计法和非概率统计法。

5. 3. 2. 1　概率统计法

包括简单随机采样法、分层采样法、系统采样法、混合采样法等。概率统计法利用统计学原理分析采样位置的合理性和准确性。概率统计法进行环境监测站点设计的基本条件是必须具有足够的实测数据资料，否则就无法进行。这实际上是个两难的境地，初次设计可以通过收集监测区域已有环境资料、进行预采样或用相似环境区域的资料来获得设计需要的初始数据。概率统计法的优点是理论上较完备、方法简便、易于掌握、省时、省力、省钱，结果较客观。其缺点是在利用概率统计法时预先假定监测网的存在，再据此估计其时间和空间的相关范围，没有充分考虑监测范围内污染源强度及环境条件等影响因素，所以设计的监测网有时适应性较差。

5. 3. 2. 2　非概率统计法

包括判断法、模拟法、便利采样法等。非概率法无法估计总体中每一个样本单位被抽取的机会或概率，也不能保证每个样本单位有均等机会被抽到。相对于概率统计采样，非概率统计采样的优点是方便和节省成本，缺点是样本与总体不完全匹配。非概率统计采样的结果在一定置信度水平下是无法估计的，造成统计的不可靠。

实际上，由于环境监测（特别是环境质量监测）的参数较多，一种方法往往不能满足设计的需要，因而较多地采用综合法，即综合各种方法之长，相互补充，综合考虑各项参数的变化规律和环境条件，同时还要考虑社会经济特征、区域污染特征等具体情况。无论使用什么的采样设计方法，一般都要结合专业判断来优选方案。

概率统计采样与非概率统计采样的优势和限制对比如表 5-1，得到环境信息的过程示例见图 5-2。

表 5-1　概率统计采样与非概率统计采样的优势和限制对比

	概率统计采样	非概率统计采样
优势	• 提供计算与评估不确定度的能力 • 在不确定度范围内能提供可以重复的结果 • 可提供作出统计学推论的能力 • 可以把握判断错误的标准	• 与概率采样相比可以节省开支 • 对于了解现场非常有效 • 易于实施
限制	• 随机采样的点位可能很难找到 • 优化设计取决于准确的环境模型 • 对于监测网，预先假定监测网存在	• 依赖于专家的经验 • 无法可靠地估计评估的精度 • 依赖个人的判断来解释与研究目标相关的数据

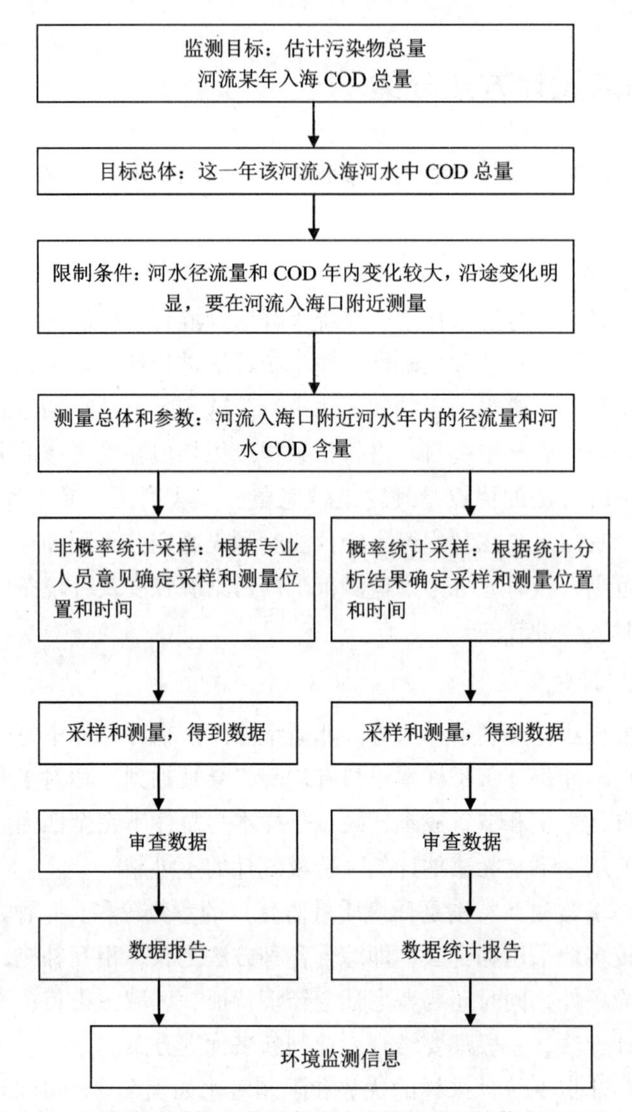

图5-2　概率统计采样和非概率统计采样得到环境信息的过程示意

5.3.3　环境监测采样频率和时间设计

5.3.3.1　环境监测采样频率

采样频率的设计方法要根据监测参数的时间序列变化特征选择。监测参数的时间序列变化可分为平稳时间序列和非平稳时间序列。

平稳时间序列的采样频率设计主要考虑随机变化，非平稳时间序列的采样设计需要考虑随机变化、趋势变化和周期变化3种过程。

5.3.3.2　环境监测采样时间

采样时间的确定分为宏观和微观两个层次。宏观主要考虑年际、季节变化，如生物体采样一般在生物成熟期；微观需要考虑月内、日内变化，影响的因素有潮汐、日照、气温，等等。

5.4　环境监测采样设计基本要求

良好的环境监测采样，能以占总体极小比例的样本充分反映总体特性。一般而言，良好的采样应具备如下 3 个基本条件。

（1）有效。采样应当符合监测目的，所获信息价值应超过采样成本。

（2）可测量。采样的准确性是可测量的，否则采样结果就失去了意义。

（3）简单。保持简单性，符合一般统计方法的简约要求，顺利进行采样。

详细的采样设计方法将在后文介绍。

5.5　环境监测采样策略

环境监测中，采样策略对于提高监测效率非常重要，应根据监测目标、监测参数的特征采取相应的采样策略。基于设计的采样还是基于模型的采样，是采样策略选择的重要依据。为了使用方便，这里把采样策略分为固定站点/时间采样策略和非固定站点/时间采样策略以及固定站网/时间穿插采样策略三大类。

5.5.1　固定站点/时间采样策略

在一些监测项目中，需要使用固定站点/时间采样策略，就是将采样位置或时间固定，重复进行采样，一般用网格法设置采样点，采样时间则多按固定的时间间隔（受采样条件和采样资源限制，采样时间间隔可能无法严格固定）。固定站点/时间采样获得的环境数据，一般使用统计方法处理来解释总体的变异，但使用的模型不同，导致的结论也可能不同。

固定站点/时间采样策略适用于以下情形：

（1）需要的结果是环境中某一位置环境参数的时间变化，并可进行趋势分析和预测，如某一位置的环境质量趋势监测。

（2）需要的结果是总体中环境参数的空间分布或制图，且参数的分布是变化的。一般环境质量和污染物分布会遇到这种情形，但要注意，某些环境参数的分布在短时间内是比较稳定的，如红树林和珊瑚礁分布，这时固定采样策略是不合适的。

（3）监测参数在总体中存在较强的自相关，包括时间自相关和空间自相关。一般物理参数、化学参数的自相关性会较强，这时要多考虑固定采样策略。

（4）有可靠的模型来推断和解释环境参数的变异。如当污染物扩散模型可靠时，采用固定站点监测污染物排放后的分布是比较合适的。

5.5.2 非固定站点/时间采样策略

非固定站点/时间采样是以概率统计采样为基础选择样本，在采样中引入随机性，以尽量消除总体中的各种变异。非固定站点/时间采样假设环境参数在总体中的分布模式是固定的，通过变化采样位置或时间，评估环境参数的不确定性。非固定站点/时间采样策略具体包括随机采样、交替采样、序贯采样等策略。

非固定站点/时间采样策略适用于以下情形：

（1）需要的结果是将总体作为一个整体，对总体中某参数进行估计，如平均值、标准差、分位数、出现频率等。

（2）需要获得总体的一个无偏估计，即估计值等于目标总体参数的真实值。

（3）需要获得总体估计的不确定度。

（4）需要的结果是总体中环境参数的时空分布，且参数的分布在不长的时间内或区域空间内是比较固定的，如红树林和珊瑚礁分布。

1）随机采样策略

随机采样以概率为基础选择采样位置。随机采样假定参数在总体中是固定的，通过样本采集的随机性，消除总体中参数的变异影响。随机采样策略有：简单随机点采样、系统（网格）点采样、比例分层采样、非比例分层采样、分群随机采样、分层系统不规则采样、比例分层系统规则采样、分群系统（网格）采样、非比例分层分群采样等。

2）交替采样策略

交替采样策略与后文介绍的自适应群集采样方法基本相同。一些环境现象（环境“热点”）以及许多生物（如外来物种或特别生物）通常是成堆（或成串）分布的。如果在某一采样位置上观察到环境“热点”，那么需要在环境“热点”周围增加采样，以确定“热点”的范围。在交替采样中，首先选择一个统计上严格的样本设计方案，在采样过程中，如果在一个位置上观察到某现象（环境“热点”），那么就在其相邻位置上再采样，这样继续下去，直至不再发现此现象位置。与初始的设计方案相比，这种方法的优点是，它能更完全反映出环境“热点”的空间分布情况。

3）序贯采样策略

环境监测中采集样本往往面临一个两难境地：采样前不知道参数在总体中的分布，无法确定需要的最小样本数，过多的采样又受到监测资源的限制。在监测实践中，可先采集一定数量样本，结果不满足监测目标时，再增加采样，直到样本满足监测目标为止。

5.5.3 固定站网/时间穿插采样策略

为了获得更多的环境信息，减小参数在总体中的变异，同时降低采样成本，通过设计固定站网/时间进行穿插采样是较好的采样策略。空间固定站网时间的采样方法如图 5-3。

●	☆	▲	■	●
■	●	☆	▲	■
▲	■	●	☆	▲
■	▲	■	●	☆
●	■	▲	■	●
● 第一年；☆ 第二年；▲ 第三年；■ 第四年				

图 5-3　空间固定站网/时间穿插采样示意图

固定站网/时间穿插采样是一种比较折中的采样策略，但在环境监测中比较实用。如生物、沉积物的采样站点一般要比水体站点少，这时用穿插采样法采集生物、沉积物样本可以获得更多信息，又不用增加采样成本。

第6章　非概率统计采样站点设计方法

相对于概率统计采样法，非概率统计采样法的优点是方便和节省成本，缺点是样本与总体不完全匹配。非概率统计采样方无法评估总体中每一个样本单位被抽取的机会或概率，也不能保证每个样本单位有机会被抽到。非概率统计采样的结果在一定置信度水平下是无法评估的，造成了统计的不可靠。本章介绍一些非概率统计采样设计方法，其中最常用的是判断采样法，更多的方法介绍可参考相关文献。

6.1　判断采样法*

判断采样是指不具有任何随机性，仅根据专家的经验判断来选择站点数量和位置的采样设计。在不必关心严格的统计结果时，可采用判断采样法。判断采样法的目的是在可能存在问题的地方，评估环境的特性。对于特征较少、背景简单的项目，而且对其历史背景和特征又有比较深入的了解时，判断采样还是非常实用的。

判断采样设计与专业判断（在监测与评价过程中使用专业知识判断）不同，无论何种采样设计，运用专业知识进行判断是必要的。

1）判断采样法的适用范围

单独使用判断采样法，适用于下列情况：

（1）监测的目标总体特征较少、背景较为简单。

（2）被选中的样本数量非常少。

（3）对于被监测目标总体的背景和特征比较熟悉，掌握可靠的历史资料。

（4）监测目的是为了确定某一区域是否存在关注的“热点”（如果发现“热点”，后续的监测可能会涉及概率统计采样设计方法）。

（5）时间或预算限制，排除了进行概率统计采样的可能性。

2）判断采样法的优势

判断采样法设计的主要优势是节省时间和经费，常常能以相对低廉的成本迅速实施。

---

* 本节根据《环境监测数据质量管理与控制技术指南》（沈阳环境监测中心站编，中国环境科学出版社，2010年12月第一版）和《环境统计学与MATLAB应用》（聂庆华，Keith C. Clarke 编著．高等教育出版社，2010年1月第一版）中判断采样法内容整理。

在许多情况下，当具备适用条件时，判断采样具有不可替代的优势，它既可以满足监测目标的要求，并提供适当水平的结果，又可以节约成本。判断采样也可以与其他类型的采样设计联合使用。

3）判断采样法的限制

判断采样设计中，采样单元的选择（采样位置、样品数和采样时间）建立在专业判断的基础之上，采样设计的效果取决于个人对目标总体特征或状态了解的程度。判断采样基于专业判断，而非统计学的理论，因此在统计上是不严格的，判断采样不能精确地量化数据的置信水平（不确定度），也不可能给出有关参数的概率性声明。

由于采样单元的选择是根据个人观点和经验判断，所以在样本设计中总存在着偏差，不能得出统计学的推论，由实际采样单元得到的分析结果不能外推到整个目标总体，同时从整个总体中选出来的采样单元也会受到未知的选择偏离的影响。

判断采样法易受到人为偏见的影响，不同人有不同的评判标准，设计的采样方案也会有差异，其主观随意性较大。

4）判断采样法的设计方法

判断采样的实施由专家运用专业只是和经验设计采样方案。一个专家需要事先接受专业的培训并具备专门的知识才能胜任此项工作，专家要对监测区域或相似环境有所了解。

5）判断采样法与其他采样设计的关系

在以下两种情况下，判断采样常与其他采样设计同时使用。

一是小规模的污染调查或监测项目，当需要对总体或场地分层时，判断采样也许会在一层或更多层中发挥作用。当污染物排放的可疑位置已知，怀疑的区域被确定为一个层时，那么就对这一层实施判断采样。而这个场地的其他层可能要通过执行概率统计采样设计来解决。当然，要用专业判断来确定每个层的边界和范围。

二是当判断采样表明目标总体的污染水平超出了筛选标准，已被要求进行更深入的监测时，就要用到其他的采样设计方法。根据判断采样阶段获得的信息和已经掌握的历史资料，决定后续阶段的监测可能会使用哪种概率统计采样设计。

6.2　模拟采样法

模拟采样法是通过模拟流体（水或空气）动力和污染物扩散、迁移及转化规律，预测污染物分布大致状况而确定合理的采样站点。建立数学模型进行数值模拟计算通常十分复杂，是专业性极高的技术工作，且数学模型和数值计算方法繁多，需要高水平的动力数值模拟专家参与，实施难度较大。这里只简要介绍模拟法，具体的方法需要参考大气和水的数值模拟专业文献。

1）模拟采样法的适用范围

在大气、河流以及受污染影响的湖泊和近岸海域以及地下水区域，可使用模拟法。

2）模拟采样法的优势

模拟采样是以流体（水或大气）动力的数值模拟为基础的采样方法，其优势在于从理论上预测了污染物的分布，使采样带有验证性质，能够从理论上说明问题。

3）模拟采样法的限制

模拟预测的结果与影响污染物扩散规律的排放因子、水文或气象条件等环境条件密切相关，也与模式的适用性和模式选取等方面有关。模拟法还需要有相关污染源强度及环境条件方面足够的资料，在实际操作中是很难实现的。模拟法在环境条件的获取和模式选择等方面都存在问题，而数值模型本身尚在不断完善当中，模拟的准确度难以确定，很难具有通用性。

模拟法设计采样站点已经假定了目标总体是确定的、不变的，通过调整模型来获得更加接近目标总体的结果。由于预先在理论预测的分布上设计站点，采样结果的统计特性相对较差，对总体的推断是有偏差的。

4）模拟采样法的设计方法

模拟采样设计，技术难点在于数学模型及其数值计算，可参考相关文献。其基本设计过程为：

（1）由数值模拟专家提出工作方案和资料需求。

（2）收集模拟需要的资料信息，必要时进行调查。

（3）模拟得到水或空气动力、污染物扩散分布情况等结果。

（4）根据模拟结果设置监测站点。

模拟法设置站点一般采用断面设置法，横断面尽量与主导流向垂直，纵断面尽量与主导流向平行。对于点源污染物扩散监测，可设置扇形断面。每一断面应不少于 3 个测站。在条件许可的情况下，应尽量多采样本，并覆盖影响的区域。

5）模拟采样法与其他采样设计的关系

模拟采样可单独使用，也可与其他采样设计同时使用。

（1）对于排污口附近监测，可以单独使用模拟采样设计采样点位。

（2）对于大气、河流、湖泊、河口、海湾监测，动力模拟是重要参考，但要结合其他采样设计方法使用。

6.3 便利采样法*

便利采样，又称为偶遇采样、偶然采样，即在方便的位置采集样本，以节省时间和费用。便利采样分两种情况：一种是单个项目的便利采样；另一种是搭载其他项目进行外业采样。由于船舶费用高昂，便利采样在海洋环境监测和研究中应用较普遍，一个航次经常

* 本节引自《环境统计学与 MATLAB 应用》（聂庆华，Keith C. Clarke 编著．高等教育出版社，2010 年 1 月第一版）中便利采样法内容。

会搭载多个项目的采样任务，尽管它不是好的采样方法。

1）便利采样法的适用范围

在某些资源限制的情况下，如人力、物力、财力、安全等，可使用便利采样。如果监测的目标总体是同质的，也可以接受便利采样。

2）便利采样法的优势

便利采样是以采样的便利为基础，突发性为特征的采样方法，其优势在于节约时间、人力和成本。

3）便利采样法的限制

便利采样无法推断总体特征，统计特性相对较差，估计结果是有偏差的，也无法正确估计和控制采样偏差。使用便利采样方法获得的数据去推断环境总体特征存在不确定性，如果采样的目标环境总体内部差异较大，这种采样结果的可信度就非常低。

4）便利采样法的设计方法

便利采样设计，要充分考虑便利条件和采样目标总体的一致性。对于固定的站点，在积累了目标总体较多的环境资料后，能够描述目标总体的历史变化规律，也应该充分使用便利采样。

便利采样在条件许可的情况下，应尽量多采样，并覆盖可以采集的区域。在海洋环境监测中，为节省船舶费用而搭载的多个项目，可通过共用数据来扩大信息量。

5）便利采样法与其他采样设计的关系

便利采样较少单独使用，而是与其他采样设计同时使用。

（1）当目标总体内部差异较小时，应通过其他设计方法确定样本数量，采用便利采样方法选择采样位置。这在大洋和外海采样中很有用。

（2）当受资源限制只能使用便利采样时，应结合统计分析和专业判断优化采样位置。

（3）当在野外遇到突发环境事件时，便利采样应结合专业判断使用。

6.4　定额采样法*

定额采样是一种类似分层随机采样的非随机采样。选择样本时，使样本中具有某种特征的比率和总体具有某种特征的比率近似相同。

1）定额采样法的适用范围

在没有目标总体的背景环境资料或进行预采样时，可以考虑使用定额采样。在环境控制特征比较容易分辨（如沉积物大致类型、生态系统类型）或环境变异比较频繁的区域

* 本节引自《环境统计学与 MATLAB 应用》（聂庆华，Keith C. Clarke 编著．高等教育出版社，2010 年 1 月第一版）中定额采样法内容。

（如河口区），定额采样比较实用。在遇到突发环境污损事故（如赤潮、溢油）时，也可以使用定额采样。

2）定额采样法的优势

与概率采样中的分层采样相比，定额不需要较详细的目标总体数据，可以极大地节省时间和成本。在遇到突发环境污损事故（如赤潮、溢油）时，采用定额采样能争取较多的时间。

3）定额采样法的限制

定额采样不是随机采样，存在统计错误的风险，也无法估计和避免偏差。

4）定额采样法的设计方法

首先，选择控制特征（一般是容易识别或稀有特征，如生态系统类型、明显沾污区域等），将总体分为多个子集。

其次，依据子集在总体中的比例（空间采样一般会依据面积），决定每个子集的样本大小，在子集中随机采集样本。

5）定额采样法与其他采样设计的关系

定额采样可以单独使用，也可以与其他采样设计方法结合使用，采用其他采样设计方法来设计定额采样子集中样本大小。

6.5 雪球采样法*

雪球采样就如同滚雪球一样，样本越采越多。

1）雪球采样法的适用范围

雪球采样适合于总体不明确的情形。在环境研究中，雪球采样是有益的。

2）雪球采样法的优势

雪球采样法就像滚雪球一样，从小样本开始越滚越大，可以逐步探明环境，从而避免一开始就做全面调查而耗费大量的人力和物力。注意，雪球采样法不同于自适应群集（簇）采样法，没有一开始就设计全面的监测/调查站网。

3）雪球采样法的限制

由于样本单位不独立，产生较高偏差，很难估计和推断总体特征。

4）雪球采样法的设计方法

首先利用随机方法或环境调查选出初始样点，然后从初始样点所提供的信息取得其他样点，并以此为基点确定更多的站点，直到探明总体为止。

* 本节引自《环境统计学与 MATLAB 应用》（聂庆华，Keith C. Clarke 编著．高等教育出版社，2010 年 1 月第一版）中雪球采样法内容。

5）雪球采样法与其他采样设计的关系

雪球采样一般与其他采样设计方法结合使用，采用其他采样设计方法来设计每一步的采样点位。

6.6　样方-密度法

样方-密度法是针对于生物群落的一种采样设计方法，通过逐渐增加采样站点，绘制样方-平均生物密度图，当平均生物密度由波动较大进入较稳定水平时，就是较合适的最小站点数。生物空间分布往往不是均匀的，一般群集分布和随机分布较多，并且很多生物群落在时间上变化很快。由于总体变化较快，严格的统计方法处理可能会不适应，计算样本可能会有困难。

1）样方-密度采样法的适用范围

样方-密度法适用于生物群落的采样设计。由于生物群落一般波动较大，无法确定可接受的误差水平，使用其他采样法计算样本数较困难时，可采用这种较直观的设计方法。

2）样方-密度采样法的优势

生物的分布通常不是均匀的，时空上的差异非常大，难以定量地确定可接受的采样误差，通过图示可以较直观地确定最小样本数。

3）样方-密度采样法的限制

样方-密度法类似于随机采样法，但带有一定主观性无法精确估计和控制偏差。样方-密度法只是确定最小样本数量，没有确定采样站点位置。

4）样方-密度采样法的设计方法

在监测环境目标总体中随机选择样本，并逐渐减少样本数目，绘制样方-平均生物密度图（如图6-1），当平均生物密度由波动较大转向波动较小的转折点，就是较合适的最小站点数。

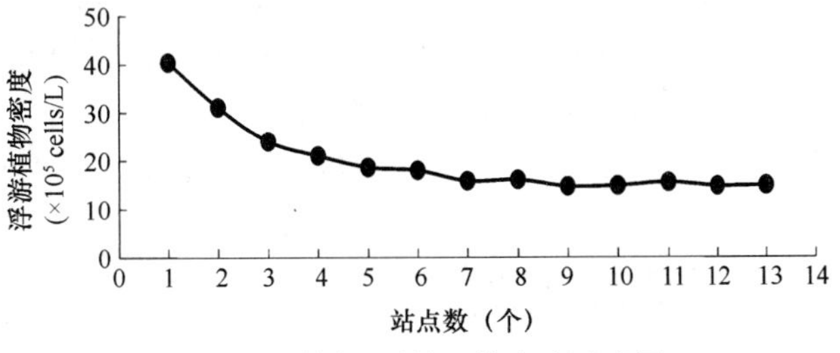

图6-1　样方-平均生物密度示意图

5）样方-密度采样法与其他采样设计的关系

样方-密度法只是确定最小样本数，采样站点位置还需要采用其他采样设计法来确定，常用随机采样法、系统采样法。

第7章 概率统计采样站点设计方法

当置信水平需要量化时，通常要使用概率统计采样设计法。本部分介绍一些实用的概率统计采样设计方法，主要是用于采样站点设计，有的方法（如系统采样）也适用于采样频率设计。

7.1 简单随机采样法*

简单随机采样是最简单、最基本的以概率为基础的采样设计，通常是作为一种“基准”方法，以评估其他采样设计方法的效率和成本。绝大多数常用的统计分析方法都假定数据是通过简单随机采样获得的。简单随机采样的样本容量（n）被定义为从总体中选出的 n 个样本，而所有可能的一系列 n 个采样单元都有相同的机会被选中。任何一个能使所有这几种结果都具有同等发生概率的采样设计就是简单随机采样设计。简单随机采样设计的样本容量是从感兴趣的总体中随机选出的 n 个独立单元。

在简单随机采样中，具体的采样单元（位置）使用随机数字选择，而且代表每个单元的数字都具有同等的被选中的概率。这种方法容易理解，而且确定样本容量的方程式相对简单。

7.1.1 简单随机采样法的适用范围

当参数在采样的目标总体中相对稳定或均匀时，或希望得到总体中某个参数的特征值（均值、方差等），适合使用简单随机采样设计。实践中简单随机采样往往与其他采样设计联合使用。当采样设计分多个阶段进行时，简单随机采样设计往往适合最后阶段的采样。

此外，在实验设计中选择试验单元或实验条件同样也需要简单随机采样或抽样。

7.1.2 简单随机采样法的优势

简单随机采样最重要的特点是可以防止由主观选择采样单元可能引起的误差（偏离“真值”的系统误差）。正因为简单随机采样是最基本的采样设计，所以也经常被作为与

---

* 本节主要依据《环境监测数据质量管理与控制技术指南》（沈阳环境监测中心站编，中国环境科学出版社，2010年12月第一版）中简单随机采样法内容整理。

其他采样设计的效率和成本进行比较的基准。此外，当使用替代的采样设计估计所需要的最低样本容量时，常常先计算简单随机采样设计所需要的样本容量，然后乘以一个调整因子（系数），从而获得替代采样设计的最低样本容量。

当感兴趣的总体相对均匀（不存在重大的污染模式或预期的环境“热点”）时，简单随机采样是最合适的。简单随机采样的主要优势如下。

（1）可提供统计分析的平均值、比例和方差的无偏估计值。

（2）简单，容易理解和执行，抽样概率为固定值，能够防止选择样本时的主观偏离，保证选择的样本具有代表性，但提供的样本容量不能太小（如样本数≥20）。

（3）样本容量的计算和数据分析较为简单，因为最常见的统计分析程序都假设数据是使用简单随机采样设计获得的（如平均值）。

7.1.3　简单随机采样法的限制

因为难以准确地确定随机采样的地理位置，简单随机采样可能比其他方法实施更困难。另外，简单随机采样可能比其他的采样方法费用更高。简单随机采样主要存在如下两个方面的限制。

（1）所有可能的样本都有同等的机会被选中，但采样点位在空间和/或时间上的分布并不都是均匀的。增加样本容量或多或少可以克服这种限制，但会增加成本。

（2）除了场地或测量过程中预期的变异之外，简单随机采样设计不考虑所有先前的信息。而前期的信息总是可以用来建立以概率为基础的比简单随机采样更有效的采样设计（仅需要较少的观测值，就能达到给定的精确度）。

随机采样设计常出现样本不均匀或成堆分布的情况，可能有很大一片区域没有采到样，这就会导致未采样区域环境特性具有很大的不确定性。除了相对比较均匀的总体之外，在实践中很少使用简单随机采样。为克服这些限制，常用分层简单随机采样来确定分层的地域和/或时间，也可以使用系统采样或拟随机采样。但是，简单随机采样是最基本的采样设计模型，也是其他大多数采样设计的基准。

7.1.4　简单随机采样法的设计方法

简单随机采样设计是通过指定的精度或置信水平确定需要的最低样本容量。

7.1.4.1　估计样本容量

1）估计总体比例所需的最低样本容量

例如，超过环境标准限值的样本在总体中所占的比例。首先要确定一个初步的总体比例的保守估计值。在没有前期信息的情况下，最好用 50%作为初步估计值，因为最大样本容量的结果是最保守的。初步的估计值越接近实际值越节省资源。

2）估计总体均值所需的最低样本容量

例如，污染物的平均浓度。首先确定一个初步的保守的总体方差估计值。初步估计值应足够大，使实际的总体方差不太可能大于初步的估计值，因为估计的总体方差越小则样本容量就越小。初步的总体方差估计值的来源包括：对同一总体的试验性研究；对类似总体进行的另一项研究；或者是一个基于方差模型的估计值，该估计值由个别方差分量的估计合并而成。在缺乏前期资料的情况下，可以将预期的总体范围除以 6 来估计标准偏差。即：

$$\hat{\sigma}=\frac{\text{预期的最大值}-\text{预期的最小值}}{6}$$

该计算值仅是一个粗糙的近似值，只作为最后的不得已的手段使用。

为了使总体平均值和比例得估计值达到规定的精密度，并满足假设检验规定的功率对最低样本容量的要求。表 7-1 给出了简单随机采样设计中计算最低样本容量的一些常用公式。

表 7-1　部分简单随机采样设计计算样本容量公式

采样目的	计算样本容量的公式	备注
一个样本的 t-检验	$n\geqslant\frac{S^2\ (Z_{1-\alpha'}+Z_{1-\beta})^2}{d^2}+\frac{Z_{1-\alpha'}^2}{2}$	式中，S 为样本的标准偏差；$d=AL-U$。其中 U 为灰色区域的另一个边界。在此处犯第二类错误的概率为 β
两个样本的 t-检验	$n\geqslant\frac{2S_p^2\ (Z_{1-\alpha'}+Z_{1-\beta})^2}{(\delta_1-\delta_0)^2}+\frac{Z_{1-\alpha'}^2}{4}$ n 或（m）	δ 为两个样本的平均值之差。δ_0 为两个样本平均值的真正差异；δ_1 为可以接受的最大差异，在 δ_1 处第二类错误的概率为 β
一个样本的总体比例检验	$n\geqslant\left[\frac{z_{1-\alpha'}\cdot\sqrt{P_0\ (1-P_0)}+z_{1-\beta}\cdot\sqrt{P_1\ (1-P_1)}}{P_1-P_0}\right]^2$	P_0 为预期的总体比例； P_1 为可以容忍的错误接受误判的最高比例
两个样本的总体比例检验	$n\geqslant\frac{2\ (z_{1-\alpha}+z_{1-\beta})^2\cdot\bar{P}\ (1-\bar{P})}{(P_2-P_1)^2}$ n 或（m）	P_1 和 P_2 分别为第一个总体和第二个总体的比例：$\bar{P}=\frac{P_1+P_2}{2}$

注：表中为样本容量；Z 为当 $n\to\infty$ 时，t 分布的临界值；例如：$t_{\infty,0.95}=z_{0.95}=1.645$（单侧）。

β 为犯第二类错误的概率；α 为犯第一类错误的概率，即显著性水平。单侧检验时 $\alpha'=\alpha$；双侧检验时，$\alpha'=\alpha/2$。

如果计算所得的样本容量大于监测项目预算可以支持的数额，那么其他采样设计也许可以减少采集或分析的样本数量。例如，分层随机采样或排序组合采样，使用这些采样设计也许会以较小的样本容量获得与感兴趣的结果正相关的有效数据。除此之外，如果该监测的目标是估计平均值，则混合采样也可以大大地降低分析测量的成本。

如果重复测量之间的变异（如在实验室中）大于单元之间的自然变异（如使用不准确的方法分析测定来自相当均匀的水体样品），则可使用每个样品重复测量的平均值。

7.1.4.2　确定采样点位

当可以将组成感兴趣总体的所有采样单元列出清单时，选择简单随机采样设计是最直截了当的。可使用如下程序从 n 个不同的采样单元中选择一个简单随机样本。

将采样单元从 1～N 列表：使用随机数字表或电脑随机数字发生器，从 1～N 清单中随机选择 n 个整数。这套带 n 标签的采样单元组成样本容量为 n 的简单随机样本。这 n 个采样单元也许是现场的 n 个空间点位或时间点，在这里“样本”一词从统计意义上说，与采样单元清单或潜在的采样地点有关。在采样地点收集的水、沉积物、生物等实际等分试样被称为“样品”，以便将它们与从母体中所有可能的采样单元（物体或空间或时间的方位）中选出的统计样本区分开来。

当由二维介质中选择一个样本时，如表层沉积物，也可以使用上述一维的采样方法，用 M 乘 N 个网格将一个总体分割成 $M \times N$ 个不重复的单元，样本可以从这 $M \times N$ 个单元中选择。

然而，如果期望的样本单元不是一个长方形区域，在二维空间直接随机选择站点往往更实际更灵活。如果将一个采样区域的地图置于一个直角坐标系统（X 和 Y 坐标，如经度和纬度）中，则简单随机采样的站点可以由随机产生的坐标（X，Y）产生。在形状不规则的采样区域，若随机生成的点不落在采样区内则无效。

当在二维空间执行随机采样程序采样时，应该在采样区域内找到距离随机产生的点位（X 和 Y 的坐标）最近的采样单元。在采样计划中规定的样品应尽可能在每个随机确定的站点附近采集，使用一个程序来避免主观因素引起的偏离。如果实际上不可能在随机选取的采样点位获取样本，只要有确凿的理由证明该点位采样受限，也可以取消该采样点位，并推荐使用候补的随机采样点位替代无法实现的点位。上述采样方法至少在理论上很容易延伸到三维采样。一种方法是将一个三维坐标系统，即坐标（X，Y，Z）放置到要进行采样的地区，并有随机产生的 X，Y，Z 坐标确定随机采样点位。虽然在理论上很容易生成三维的随机采样点位，但实际上获得合适的采样工具进入三维介质中在随机选择的位置上提取具有正确支撑（大小、形状和方向）的样品，但那样会大幅增加采样成本，技术上也有困难或者根本办不到。

7.1.5　简单随机采样法与其他采样设计的关系

简单随机采样设计，常被用来在分层采样中在层内选择样本。当一个独立的样本是从每一个层中随机选出时，该采样设计就被称为分层简单随机采样。简单随机采样也被用来作为排序组合采样程序的第一步。

7.1.6　简单随机采样样本容量计算公式

Keith，L. H 等提出污染物分布在整个区域、采样目的是确定整个区域污染物浓度的样本数量计算公式，被广泛使用，即：

$$n=\left[\frac{z_{(1-\alpha/2)} \times \sigma}{E}\right]^2$$

式中，α 为显著性水平；σ 为总体标准差；$z=\frac{x-\mu}{\sigma}$；E 为可接受的误差。此后提出的部分计算公式见表 7-1。

7.2 分层（区）随机采样法*

分层（区）随机采样法是利用目标总体的前期信息来进行分层（区、组）的一种独立的采样设计，也是一种随机采样方法，是简单随机采样与系统采样修正后的混合模式。在分层采样过程中，将目标总体分成无重叠的层或亚总体，即与环境介质和参数有关的性质更相近的组。每一个可能的采样单元或总体成员都属于某个唯一的层，没有一个采样单元不属于任何层，也没有任何采样单元属于比一个更多的层。在同一层中采的样，其变异小于在不同层中采取的样本。层次的划分一般选择时间和空间相近的样品，或根据现有的资料或专业判断设置采样点位和程序。当目标总体不均匀时，可以根据预计的监测参数水平再分层。

分层随机采样也经常被用来为重要的亚总体产生具有指定精密度的估计值。层也可以被定义为时间。时间分层允许在指定的时间段内选择不同的样本，同时也可以在不同的时间段（如季节）分别取样，从而产生具有指定精密度的估计值。因此，时间分层采样设计支持准确的趋势分析。

7.2.1 分层（区）随机采样法的适用范围

分层（区）随机采样设计法常用于参数的评估。使用分层设计的主要目的之一是通过将样本分布到整个总体的空间和/或时间中来确保样本更具代表性。分层设计可能会提高估计总体特征的精密度。如果监测人员对于研究区域的空间分布比较了解（具有前期的资料），在将该区域分层时应该使每个层内的区域尽量均匀一致。另外，还可以使用与被估计的变量密切相关的另一个变量的可靠数据来分层。如果既按比例分配法又按优化分配法将样本安排到各个层中，则使用分层设计的估计值与没有使用分层设计的相比具有更高的精密度。为分层提供信息的这些变量也称为“辅助变量”。

如果一个总体被划分为层，而且每个层的特定信息都是期望得到的，那么分层就是合理的。如果期望获得某个层或区域的估计值（如平均值、比例等），那么就将这个层或区域作为一个独立的层来安排。如果总体中不同的部分各自代表要解决的不同问题需要分别处理时，则分层也是有用的。总体中不同层的现场条件（外部环境）不同时，为了提高效益也需要使用不同的采样程序。这种方法非常简便，因为分层以后，每一层均独立于其他层采样。如果有了每层的平均值和方差的无偏估计值，那么总的平均值和方差的无偏估计值也就产生了。分层采样设计使采样变得更方便灵活，因为在每一层都可以使用不同的统

* 本节引自《环境监测数据质量管理与控制技术指南》（沈阳环境监测中心站编，中国环境科学出版社，2010 年 12 月第一版）中分层（区）随机采样法内容。

计（概率）采样设计。

在大范围的环境监测项目中，监测空间区域往往包含多个不同的地形地貌或生态系统区域，采用分层采样设计是十分必要的。例如，海洋环境往往需要划分成河口、海湾、近岸开阔海域、外海等层来设计采样站点，每个层（区域）还可能需要继续分层，特别是河口这样的环境复杂区域。

7.2.2　分层（区）随机采样法的优势

分层随机采样设计其优势在于可以精确地估计平均值和方差，而且还能准确的估计各层之间的特殊关系。如果这种关系与其他可变因素相关的话，则估计的准确度会更高。

当在各个层中实施不同的采样设计能够降低样本采集的成本时，分层采样是很有用的。分层的原则是将在各个区域（场地）采样的费用降至最低。为了减少在采样地点现场人员传输样本的时间，可以将及其接近的两个监测区域（场地）安排到一个层中。此外，如果在一个监测区域（场地）的某一部分采样的费用比在该场地的其余部分高得多时，那么为了最大限度地降低采样的费用，可以将监测区域（场地）费用高昂的这一部分作为一个层来处理。

为了保证总体中具有一定特征的组成部分，有足够的样本数量参与评估和分析，可以将这样的组成部分作为一个层来处理。

当依据与感兴趣变量密切相关的一个辅助变量来分层时，分层设计产生的估计值与简单随机采样相比具有更高的精密度，即用较少的测量值取得与简单随机采样同等的精密度。为了提高精密度，用来确定分层的辅助变量应该与被测量的结果密切相关。精密度超过简单随机采样的量依赖于辅助变量和被测变量之间的相关程度。总之，分层采样的优势在于能够获得给定水平的精密度并使费用降到最低，或者在规定的预算下使精密度达到最高。

对于估计的变量构建的组或层相对均匀时，由分层采样设计产生的总体参数（如平均值、比例）估计值比由简单随机采样获得估计值具有更好的精密度。使用比例分配确定由每层中选择的样本数，其总体参数估计值的精密度至少与简单随机采样相当，还可能更好。

但是，如果用优化分配法将样本安排到各个层中，层内的方差估计值可能离实际值较远，则估计值的精密度不如简单随机采样。

7.2.3　分层（区）随机采样法的限制

为了有效地分层并分配样本容量，分层采样设计需要对研究总体具有可靠的前期信息。精密度的提高或成本的降低取决于建立分层采样设计时所使用的信息的质量。精密度的增加依赖于辅助变量、分层变量与监测参数之间的相关程度。使用尼曼分配或优化分配设计时，如果优化分配使用的辅助变量不能准确地反映观测值的变异性，则精密度可能会降低。

像简单随机采样设计一样，使用分层采样设计也可能会遇到在野外确定和进入采样点位的困难，这可能会降低期望通过使用分层采样设计提高精密度的效果。

7.2.4 分层（区）随机采样法的设计方法

1）确定样本容量

在分配样本容量之前应该先分层，而分层的方法取决于分层的目的。当根据与估计的变量有关的辅助变量来分层时，则分层的最佳方法是使构成总体的每一层都尽可能与辅助变量一致。

如果监测者对估计总体的均值感兴趣，建议最多分 6 层，并使用根据辅助变量分层的采样设计程序（Dalenius-Hodges 程序），确定每层的最佳截断值。根据辅助变量分层的采样设计程序见 7.2.6.2 节。

一旦层被确定以后，可选择多种方法将样本容量分配到每个层。等额分配是在每个层内安排相同数量的样本。比例分配安排到一个层中的样本在总样本数中所占的比例与该层的单元数在总体中所占的比例相同。比例分配能够保证总体估计值的精密度最好，否则，就没有必要使用分层采样了。而优化分配有两种选择：①以固定的经费获取最佳的精确度；②以最低的成本获取指定水平的精确度。

优化分配的特例是尼曼分配，尼曼分配对于所有的层中每个采样单元的成本都是相同的。当使用优化分配时，精确度的好坏依赖于建立采样设计时所使用的数据的质量和辅助变量与估计变量之间关系的密切程度。不过，因为优化采样设计和尼曼程序取决于辅助变量，估计值精密度的增加或减少与简单随机采样比较更依赖于分配样本容量时使用的方差估计值的准确度。如果不能提供正确有效的方差估计值，不对称分配也就不能正常发挥作用。

2）确定采样位置

分层确定下来以后，可以使用任何一种采样设计在每个层中选择样本。采样的位置取决于采样设计的选择。

7.2.5 分层（区）随机采样法与其他采样设计的关系

分层以后，在每个层中可以使用任何一种采样设计，包括但不限于简单随机采样、系统采样、网格采样和其他等级的分层采样。

7.2.6　分层采样设计中的计算公式及辅助程序

7.2.6.1　分层采样设计中估算样本容量的公式

（1）分层随机采样总体均值及其方差的计算公式：

$$\bar{x}_{st} = \sum_{h=1}^{L} W_h \bar{x}_h \tag{7-1}$$

$$\bar{x}_{st} \text{ 的方差} = \sum_{h=1}^{L} \left\{ W_h^2 \left(1 - \frac{n_h}{N_h}\right) \frac{S_h^2}{n_h} \right\} \tag{7-2}$$

式中，$\bar{x}$ 为 h 层的平均值；S_h^2 为 h 层的估计方差；W_h 为 h 层的权重，$W_h = N_h/N$；L 为层数；N_h 为 h 层中单元的总数；N 为总体中单元的总数，$N = \sum_{h=1}^{L} N_h$；n_h 为 h 层中采样单元的数，$n_h = \frac{n}{L}$。

（2）层内样本容量的计算公式：

$$n = \sum_{h=1}^{L} \sigma_h$$

式中，n 为采样单元的总数；σ_h 为预知的第 h 层的标准偏差。

等额分配：

$$n_h = \frac{n}{L} \tag{7-3}$$

按比例分配：

$$n_h = nW_h \tag{7-4}$$

尼曼分配：

$$n_h = n\left(\frac{W_h \sigma_h}{\sum_{h=1}^{L} W_h \sigma_h}\right) \tag{7-5}$$

实际应用时 W_h 被 S_h 取代。

固定预算的优化分配：

$$n_h = \frac{(C - C_0) W_h \sigma_h / \sqrt{C_h}}{\sum_{h=1}^{L} W_h \sigma_h \sqrt{C_h}} \tag{7-6}$$

式中，C 为总预算；C_0 为最初的固定预算；C_h 为 h 层每个样品的预算；实际应用时，用 S_h 取代 W_h。

每层有固定极差的优化分配：

$$n = \frac{Z_{1-\frac{\alpha}{2}}^2 \left(\sum_{h=1}^{L} W_h S_h^2 / d\right)}{1 + Z_{1-\frac{\alpha}{2}}^2 \left(\sum_{h=1}^{L} W_s S_h^2 / (d^2 N)\right)} \tag{7-7}$$

式中，d 为每个层内估计的“极差”；Z 为标准正态分布的临界值。

7.2.6.2 根据辅助变量分层的采样设计程序（Dalenius-Hodges 程序）

该程序使用一个与感兴趣变量高度相关的辅助变量（y）来确定分层的最佳截点。辅助变量通常是与项目的主要输出高度相关的一个连续变量。分层的步骤如下。

（1）初步将辅助变量 y 分成 K 个区间，它涵盖 y 值的整个范围。$[A_{i-1}, A_i]$ 代表第 i 个区间的边界（$i=1, 2, 3, \cdots, K-1$）。统计每个区间变量 y 的总数 N_i。

（2）计算：$D_i=A_i-A_{i-1}$ 和 $T_i=\sqrt{N_iD_i}$。

（3）对于每个区间 i，计算所有 T_i 的总和，$C_i = \sum_{i=1}^{k} T_i$。

（4）计算：$Q = \sum_{i=1}^{L} T_i/L$，L 为期望的层数。

（5）对于每个区间 i，计算 C_i/Q，将所得结果进位到下一个更高的整数，该数值即为区间 i 的变量值，应属于哪一个层的序号。

7.2.6.3 各层的平均值和标准偏差的计算

为了估计在每一层中可以采集的样本数量 N_h，根据该层在整个监测区域所占的百分比指定一个权重值 W_h。所有各层权重的总和为 1。

步骤 1：设总样本容量为 n，根据尼曼分配，用下式计算每层的样本容量 n_h：

$$n_h = n\frac{W_h\sigma_h}{\sum_{h=1}^{L} W_h\sigma_h} \tag{7-8}$$

式中，W_h 为各层权重；σ_h 为各层的标准偏差。

步骤 2：使用简单随机采样的公式计算每个层内样本的平均值 $\bar{x}_h$ 及其方差 S_h^2。

步骤 3：计算分层采样的平均值 $\bar{x}_{st}$ 及其方差。

$$\bar{x}_{st} = \sum_{h=1}^{L} W_h\bar{x}_h \tag{7-9}$$

$$\bar{x}_{st} \text{ 的方差} = \sum_{h=1}^{L} \frac{W_h^2S_h^2}{n_h} \tag{7-10}$$

步骤 4：分层采样平均值的标准偏差为方差的平方根。

$$\bar{x}_{st} \text{ 的标准偏差} = \left[\sum_{h=1}^{L} \frac{W_h^2S_h^2}{n_h}\right]^{1/2}$$

7.3 系统/网格采样法*

为了避免随机采样位置成堆和克服在野外确定随机样本位置的困难，许多样本设计使

* 本节引自《环境监测数据质量管理与控制技术指南》（沈阳环境监测中心站编，中国环境科学出版社，2010 年 12 月第一版）中系统/网格采样法内容。

用系统/网格采样法。系统采样也被称为网格采样或规则采样，包括按指定的模式定点或定时采样，样本的位置处于规则网格的中心或是在网格线的节点上。系统/网格采样设计覆盖均匀、概念直观且容易使用，从而不会错过总体的重要特征。系统/网格采样可用于研究环境“热点”问题，估计平均值、方差和其他参数，也可用来估计污染物的时间或空间分布模式或者变化趋势。当研究目标是评估污染物的分布与空间或时间关系或者确定污染模式时，按有规律的间隔采样更为有益。

系统采样确保采集的一套样本（n）完整、均匀地代表目标总体。最初的第一个采样位置（空间或时间）应随机选择，然后再按照某个模式安排其余的（$n-1$）采样位置，以使系统采样成为以概率为基础的设计。

系统采样主要有两个用途：

（1）空间站点设计。样本可以用一维、二维或三维的方式采集。沿着一条线或一个断面采样是一维采样。在区域网格的每个节点上采样是二维采样。在区域网格上每个节点深度方向采集一个以上样本是三维采样。这种设计的优点是随机性加上良好的覆盖面。

（2）采样频率设计。当选取的样本要代表目标总体随时间的变化时，可以使用一维采样设计，从每 k 个单元选出一个样本，或在具体的站点按期采集样本。

系统/网格采样法为布设采样点位/时间提供了一种简单实用的方法，并确保对场地、单元或程序的覆盖率均匀一致。这种做法灵活、直观、容易理解，使系统采样设计更具有可防御性，使用比较广。应用更复杂的统计方法（如地统计法、贝叶斯方法）处理，可以得到更优化的采样网格。

7.3.1　系统/网络采样法的适用范围

系统采样在野外很实用而且方便实施，是环境监测中常用的方法。与随机采样相比，系统采样可以提供更好的精密度（置信区间较窄，总体估计值的标准偏差较小）并可以完整地覆盖目标总体。在下列情况下应使用系统采样。

（1）没有关于总体的资料，而监测目标是确定一种模式或确定各单元之间的相互关系。

（2）具有一个初步的模式或已知现场各单元之间的关系，而监测目标是估计模式的状态或相关的程度。

系统采样设计常用于以下3种情况。

（1）打算要对一个总体参数（如平均值）做出推论，并已知环境测量值参差不齐时，常使用系统采样。用于推论总体参数的采样设计有很多种，系统采样只是其中之一。但是，如果与目标总体有关的参数随着空间或时间的变化而变化时，为了使数据明确显示空间和时间的模式，系统采样往往比随机采样更有效。许多自动采样器使用系统采样，因为机械设备必须以固定的时间间隔采集样品。

（2）估计环境参数变化趋势或确定环境参数变化与空间或时间的关系。系统采样设计非常适合于这种类型的问题，因为在数个固定的采样点位间隔一定时间收集样品可以有效地估计环境参数趋势，建立环境参数随时间或空间变化的模式，以及构建模型所需要的相互关系。严格来说，为达到同样的效果随机采样通常需要更多的样本。

（3）寻找环境“热点”。系统/网格采样的一个广泛应用就是在一定的空间范围内寻找环境“热点”，通过网格上的采样点发现大小不等的环境参数感兴趣的区域（“热点”）并确定其存在的概率。为了找到具有明确概率的“热点”区域，还需要确定：①以一定置信水平捕捉“热点”需要的网格形状和间隔；②在给定间距的网格中捕捉热点的概率；③若网格采样中没有发现热点，那么热点存在的概率有多大？在大多数情况下，三角形、六角形网格设计比正方形或长方形网格设计对于寻找“热点”更有效。

总之，如果对于目标总体的空间特征一无所知，网格采样就是一种寻找稀有事件（“热点”区域）发生的模式或位置的有效方法，除非模式或事件发生的间隔比网格间隔还要小。如果对于目标总体的模式或感兴趣的时空特征有所了解，那么网格采样是否优于其他采样设计，取决于目标总体的性质以及采样的目的。

如果某个场地上存在多种不同的特征，如生态群，那么按一个有规律的固定网格收集数据是确保这些特征实际上被监测到的最为有效的方法。但是，如果模型的跨度或感兴趣的特征小于采样点位之间的间隔，那么这个系统采样模式就不是一个高效的设计，除非缩小采样点位之间的间隔或在设计中引入其他方法，如混合采样法。

如果已知的环境参数分布模式与网格设计的规则恰巧重合，则系统采样是不合适的。因为这种巧合会导致对感兴趣目标总体中某些特征估计过高或过低。如果前期的资料能够提供一些关于环境参数分布模式的信息，对于选择网络的间距和方向，确定系统采样设计是否比其他采样设计更具优势是很重要的。

在某些情况下系统采样比简单随机采样甚至比分层采样更精确。系统采样能否提供优于其他采样设计的性能取决于目标总体的性质。

7.3.2 系统/网络采样法的优势

系统/网格采样具有下列优势。

（1）在空间/时间上可以完全、均匀地覆盖目标总体。网格设计可以用给定的样本数量提供最大的空间覆盖度。

（2）网格设计和实施相对简单而且直观，现场程序可以简单编写。一旦确定了初始的采样位置，根据规定的空间间隔很容易找到下一个采样点位。

（3）执行网格设计时可以有多项选择。通常，采样程序需要分阶段实施。最初阶段使用宽跨度的网格寻找行动的类型或捕捉的对象。一旦确定了行动的时间或空间的大体框架，就可以用小规模的网格来进行更精确的估计。也就是说，在一个阶段中，可以根据发现感兴趣特征的可能性将监测区域进一步划分成亚区域，而且还可以在每个亚区域内使用不同的网格间距。另外，在一个网格中还可以叠加朝向相反的多个网格，即在大网格中插入小网格，而对于给定的应用仍然保持期望的固定间隔。不过估计样本容量和总体参数的公式要根据这些变化进行调整。

假定感兴趣的模式比采样节点之间的间隔大，考虑到需要计算空间和时间的关系，可能需要随时调节采样的间隔。如果采样的总体存在明显的特征或者模式，并随着空间或时间的推移而变化，固定的采样间隔往往是估计未来采样区域的特征并进行预测预报的最佳的选择。

（4）网格设计可以在对监测区域的前期信息知之甚少的情况下实施。需要输入的仅仅是监测区域的总面积和需要采集的样本数（或者网格间距）。网格采样经常用于试点研究、辖域研究以及使用假设的探索性研究，即对感兴趣的污染物分布没有固定的模式或者规律的研究。

7.3.3　系统/网络采样法的限制

系统/网格采样法的主要缺点是采样行可能与系统变化的特性的路线完全重合，另一种情况是在列的方向空间分布的分析可能是周期性的，为了避免这种系统偏差，可在网格内采用随机采样。

如果有关于总体的前期信息，系统/网格采样也许不如其他采样设计那样有效率。因为这种前期信息可以用来作为分层的基础，确定感兴趣的总体特征发生概率较高的区域或时间段。

如果感兴趣的总体特征与网格一致，则系统/网格采样会增加对总体特征高估或低估（趋势）的可能性。如果在采样单元或样品采集过程中有一种可能的循环模式与采样周期相吻合，则应谨慎使用系统/网格。

为简单随机采样制定的估计平均值方差的方法，只有对随机顺序的总体才有把握使用。在没有关于总体的某些假设的情况下，不可能由一个单独的系统样本获得完整、有效的样本均值及标准偏差的估计值（或平均值的方差）。这可能会导致计算的平均值的置信区间不准确。在这种情况下，一种选择是采集多套系统样本，随机确定每一个起点，然后凭经验估计平均值的标准偏差。使用多套系统样本，必须权衡成本或混合采样设计的可行性。

7.3.4　系统/网络采样法的设计方法

7.3.4.1　确定样本容量

系统/网格采样设计需要知道应该采集多少样品，样品应该在哪里采集。为简单随机采样提供的大多数计算样本容量的公式都可用于系统采样设计，只要没有明显的循环模式定期出现，或在采样点位之间存在明显的空间关系不能作为网格或系统程序的一部分。

对于普通的“热点”问题，根据预定“热点”的大小和形状计算最佳的网格间距，以指定的置信水平寻找“热点”。使用美国 EPA 的 DEFT 软件（见 http：//www. epa. gov/quality/qa_ docs. html），可以方便地进行系统/网格采样设计。下面简单介绍确定样本容量的概率原理。

假设在平面上有一面积为 A 的区域，中、小尺度环境（或“热点”）在该区出现的范围为 a，在这个区域里共有 n 个监测站 B_1，B_2，…，B_n。根据概率的古典定义，在这个区域里任一监测点观测到“热点”的概率为：

$$P(B_i)=\frac{a}{A}\quad (i=1,\ 2,\ \cdots,\ n) \tag{7-11}$$

任一站点观测不到“热点”的概率为：

$$P(\overline{B_i})=1-P(B_i)=1-\frac{a}{A}\quad (i=1,\ 2,\ \cdots,\ n) \tag{7-12}$$

假定每个站点是独立的，就是说，某一站点的观测不受其他站点的影响。在这个区域中所有站点都未观测到该“热点”的概率为：

$$P(\overline{B_1}\,\overline{B_2}\cdots\overline{B_n})=\left(1-\frac{a}{A}\right)_1\left(1-\frac{a}{A}\right)_2\cdots\left(1-\frac{a}{A}\right)_n=\left(1-\frac{a}{A}\right)^n \tag{7-13}$$

至少有一个站观测到该“热点”的概率为

$$P=1-P(\overline{B_1}\,\overline{B_2}\cdots\overline{B_n})=1-\left(1-\frac{a}{A}\right)^n \tag{7-14}$$

考虑到“热点”的范围在大多数情况下$\frac{a}{A}<1$，根据二项式定理可得：

$$P=1-\left\{\begin{aligned}&1-n\frac{a}{A}+\frac{n(n-1)}{2!}\left(\frac{a}{A}\right)^2-\frac{n(n-1)(n-2)}{3!}\left(\frac{a}{A}\right)^3\\&+\cdots\frac{n(n-1)\cdots[n-(k-1)]}{k!}\left(-\frac{a}{A}\right)^k+\cdots+\left(-\frac{a}{A}\right)^n\end{aligned}\right\} \tag{7-15}$$

略去高次项可得以下近似式：

$$P\approx n\frac{a}{A} \tag{7-16}$$

可见，观测到“热点”的概率，既与区域的面积和“热点”范围的比值有关，又与该区域站点的个数有关。当 n 的大小接近 A/a 时，P 接近 1。

7.3.4.2 确定采样位置

网格设计可以有不同的形状和方位，但是要为最初的网格节点规定选择的标准。网格可以具有不同大小和形状，包括正方形、长方形、三角形、圆形、六边形和放射状网格。三角形、六边形网格效率一般较高，但当采样参数的空间变异性具有各向异性时，可采用长方形网格。方格采样设计易于确定采样的位置，例如在海洋环境监测中，考虑到船舶航线的因素，广泛使用方形网格法确定采样位置。

当样本位于网格的中心时，就认为样本的结果代表整个网格内环境的结果。如果样本位于网格线的节点上，那么沿着网格边缘的所有样本值的平均就代表网格内的值。

例如，使用系统采样设计确定正方形网格采样点位的步骤如下。

（1）随机选择初始点位。

（2）建立经过初始点位的坐标轴。

（3）画与纵轴平行的直线，间距为 L。

（4）画与横轴平行的直线，间距为 L。

确定了采样区域的面积（A）和样本容量（n）以后，就可以用下面公式计算相邻采样位置之间的间隔。对于正方形网格来说，水平方向和垂直方向平行线之间的距离均为 L。计算正方形网格间距 L 的公式为：

$$L = \sqrt{\frac{A}{n}} \tag{7-17}$$

计算三角形网格间距 L 的公式为：

$$L = \sqrt{\frac{A}{0.866n}} \tag{7-18}$$

一维采样理论上程序很简单，但在实际应用中却很复杂。

7.3.5　系统/网络采样法与其他采样设计的关系

许多采样设计，都可以用系统/网格采样来代替随机采样。系统/网格采样设计的关键是：初始采样单元的位置必须随机确定，而且网格布局不能与总体中感兴趣的特性重合。

环境监测中使用的采样设计通常分多个阶段，需要使用多种采样设计方法。网格设计适用于那些不会随着时间的推移改变位置（固定站点）的监测，以及需要反复定期采样的生态或环境参数。多段式采样设计更适合于感兴趣特征的研究和监测的最终目的。在第一阶段，数据也许在随机采样的网格点上收集；根据这些数据可以为定义、分层和继续进行的下一个阶段作准备。

7.4　排序组合采样法*

排序组合采样最初是由 McIntyre 提出的。这种采样设计的特点是将简单随机采样与现场监测人员的经验判断或排查结合起来选择采样点位，被广泛用于参数的平均估计值，所得结果更准确可靠且具有成本低效益高。

使用排序组合采样收集的样本会增加测量数据的代表性，即总体中高、中、低浓度的测量值出现的机会均等。这使得平均值的评估更完美，同时也增进了统计程序的性能。排

---

* 本节引自《环境监测数据质量管理与控制技术指南》（沈阳环境监测中心站编，中国环境科学出版社，2010 年 12 月第一版）中排序组合采样法内容。

序组合采样需要采集和测量的样本数量较少，比简单随机采样更加经济有效。

使用排序组合采样的最初动机是在选择采样点位的过程中使用专业判断来确定采样位置。专业判断一般是通过视觉评价现场采样位置的各种潜在特点或特征，这里的特点或特征指感兴趣的污染物或其他参数的相对量。评估人员根据视觉的判断将与感兴趣参数有关的采样点位从最小到最大排序；然后根据排序来确定实际的采样点位。

当前，越来越多的现场/在线监测设备（如水质仪）投入使用。在某些情况下，使用这些现场或在线监测设备测量污染物的相对含量，并据此给点位排序，可能比视觉判断更客观更准确。例如，在河口区域，有时需要采集不同盐度的水体样品，现场使用水质仪能使判断更准确。

7.4.1 排序组合采样法的适用范围

以下情况适合采用排序组合采样。

（1）站点布设和现场站点排序（方便的测量筛选或专业判断）的费用与实验室测量参数的费用相比相对较少。

（2）可以使用专业判断、廉价的现场测量方法或方便的辅助参数（基于经验或测量结果）给感兴趣参数在随机选取的现场站点之间准确地确定监测参数的大小顺序，这时排序方法与分析方法必须具有相关性。

（3）经费预算较紧，需要更精确地估计平均值或服从更严格的检验时，可以用排序组合采样代替简单随机采样。

进行排序组合采样设计时，应考虑现场站点排序的成本和准确性。

7.4.2 排序组合采样法的优势

排序组合采样的主要优势是，在使用相同数量测量值的情况下，与简单随机采样相比，估计的平均值的精密度更高，所得的结果更具有代表性。此外，还有如下优势：

（1）由排序组合采样得到的测量数据的平均值是统计学意义上的无偏估计值（因为它们相当于一个简单随机样本）。

（2）如果研究的目标是检验两个总体均值或中位数的区别，则排序组合采样具有更强的说服力。

（3）当采样的目标是估计平均值，而且潜在的点位排序费用可以忽略不计或者与实验室测量的费用相比非常低时，应考虑使用排序组合采样，而不是简单随机采样。进行排序组合采样设计应考虑包括排序费用在内的成本因素。

（4）排序组合采样还可以用于其他采样设计，如分层随机采样和混合采样。

排序组合采样通过覆盖更多的目标总体，可以获得更具代表性的数据，处理估计平均值之外还可用于其他目的。包括：计算总体中位数的执行限、检验两个总体中位数之间的差异、检验是否符合一个固定限量的要求、估计斜率和截距的线性关系、估计两个变量的比例。

7.4.3　排序组合采样法的限制

在使用排序组合采样之前，应确定设置现场点位的费用和潜在的点位排序的费用，以确保排序组合采样具有成本效益。用排序组合采样的数据估计的平均值可能更准确，但成本可能高于简单随机采样法。

如果现场点位排序时发生错误的话，使用排序组合采样数据计算的平均值精确度会降低。然而，即使专业判断或现场方法在现场点位排序中发生错误，采用相同的测量数据估计平均值时，排序组合采样也可以达到和简单随机采样相同的效果。

在排序组合采样中，假设总体中被排序的野外点位是随机安排的。然而在实际应用时，组内的采样点位，也许被有意安排得极其靠近，从而降低或抵消筛选测量法或视觉排序法的准确度。在这种情况下，由排序组合法获得的采样数据估计的平均值精密度就会降低。为减少或消除这种影响，最好将总体划成没有明确梯度的容量相等的子集，然后再从每个子集内选择同等数量的样本。

如果使用排序组合采样获得的数据进行假设检验，数据的计算方法可能不同于简单随机采样数据的标准算法。

排序组合采样不用排序过程中获得的现场测量数据来定量计算样本的平均值或估计平均值的方差，因此没有充分利用现场测量数据。

7.4.4　排序组合采样法的设计方法

排序组合采样使用两段式采样设计：①使用简单随机采样确定 m 组现场点位（每个组有 r 个样品），通过专业判断或廉价、快速且方便野外操作的方法在每个组中给点位排序；②从每个组中选择一个点位采样。

在排序组合采样中，然后在排序的基础上从每个组中选出一个采样单元，使用较为准确可靠的方法（因此更昂贵）测量感兴趣的参数。

7.4.4.1　确定需要测量的样本数

大多数为了平均值确定样本容量而制定的统计方法，都假设采样点位是采用简单随机采样设计确定的，而不是排序组合采样。一般情况下，排序组合采样设计需要的样本数比简单随机采样少，因为排序组合采样可以从每个组的测量结果获得更多的信息。

对于其他采样目标（例如假设检验），尚未见计算排序组合采样的样本容量（送实验室测定的样本数量）的方法，所以暂时沿用简单随机采样的一些计算方法。然而，由于排序组合采样相对于简单随机采样增加了统计程序所能达到的效果，所以用简单随机采样方法计算的样本容量“n”应根据排序组合采样的多个周期进行调整。

7.4.4.2 确定测量样本的采样位置

样本的采集地点，在排序过程中使用专业判断或现场测量的方法确定。使用排序组合采样确定现场采样点位有两种设计方法：一种是均衡的排序组合法；另一种是不均衡排序组合法。在均衡的排序组合采样设计中，每个组参加排序的点位数量相同。

在不均衡排序组合采样设计中，预期高、中、低浓度的采样点位数量不相等。环境数据经常是不对称和不均衡的，即少量测量值往往大大超过其他测量值。如果研究的目标是要使用排序组合采样估计平均值，那么选择的预期浓度相对较高的采样点位比预期浓度相对较低或中等的采样点位多的话，估计的平均值会更准确。当使用不均衡的排序组合采样设计时，应该通过计算加权平均值来估计总体的真实平均值。

一个恰当的不均衡排序组合采样设计可以提高非对称分布平均值估计的精确度。然而，一个不恰当的不均衡排序组合采样设计与均衡的排序组合设计或简单随机采样相比，反而会降低非对称分布平均值估计的精确度。

7.4.5 排序组合采样设计方法

7.4.5.1 排序组合采样设计的基本步骤

制定以估算总体平均值为目标的排序组合采样设计的步骤如下。

第一步：确定排序组合采样的成本效益（与简单随机采样相比较的）。这一步应考虑使用专业判断和廉价的现场监测方法进行点位排序的费用。

第二步：如果预计排序组合采样比简单随机更具成本效益，那么确定以指定的精密度和置信水平估计平均值所需要的送实验室测量的样本数量。

7.4.5.2 确定使用排序组合采样是否比简单随机采样更具成本效益

当监测目标是以指定的精密度估计总体的平均值时，如何确定排序组合采样是否比简单随机采样更具成本效益呢？如果使用专业判断或现场测量方法给潜在的采样地点排序的费用可以忽略不计的话，那么使用排序组合采样估计平均值肯定比简单随机采样更具成本效益。这一结论基于这样一个事实，即为了估计的平均值在一定的置信水平下达到指定的精密度，排序组合采样所需要的送实验室测量的样本数比简单随机采样少。因此，实验室检测的费用相对较低。

然而，由于种种原因，在现场给潜在的采样点位排序的费用可能会很高。关键问题是使用排序组合采样估计平均值所提高的精密度是否可以弥补这些额外的工作和费用。究竟使用哪种采样设计取决于成本效益，可根据表 7-2 中的比值近似估算。

表 7-2 列出了实验室测量成本与现场点位排序成本的比值。为了使估计的平均值达到期望的精密度水平，只有在实验室测量成本与现场点位排序成本的比值超过表中的值时，排序组合采样才会比简单随机采样更具成本效益。该比值取决于组容量 m（在每个排序组合采样周期中的采样点数）、实验室测量值的总体分布以及现场排序的错误程度。

表 7-2　实验室测量成本与现场点位排序成本的比值

数据分布	排序错误程度	组容量（m）		
		2	3	5
正态	无	4	3.25	2.75
正态	中等	5.5	5	4.5
正态	重大	7.25	6.25	6.5

由表 7-2 可见，对于给定的组容量 m，排序存在重大错误时的成本几乎是不存在错误时的 2 倍。假设现场排序方面的实际问题导致必须使用相对较小的组容量 $m=3$，而对现场的前期研究表明，场地待测参数的实验室测量值呈近似正态分布。由于正态分布是对称的，所以使用均衡的排序组合采样设计。如果现场点位排序没有错误，实验室监测费用（每个样品）与排序费用的比值（每个现场点位）必须大于 3.25，排序组合采样才会比简单随机采样更具成本效益；即，为了估计的平均值具有期望的精密度，排序组合采样的总成本必须少于简单随机采样的总成本。如果存在较大的排序错误，组容量 $m=3$，则成本比必须大于 6.25，排序组合采样才会比简单随机采样更具成本效益。但是，如果前期的研究表明，测量值可能更倾向于不对称分布时，成本比必须更高，使用排序组合采样才有效益。

表 7-2 中的成本比是以均衡的排序组合采样设计为前提的。如果预计实验室测量值的分布为趋于正态分布的非对称分布，那么，使用不均衡排序组合采样比均衡的排序组合采样设计更为有效。

表 7-3 中列出了组容量 m 分别为 2、4、6 和 8，现场测量值之间的相关系数为 0.7~1.0 时，均衡排序组合采样设计所需要的成本比（实验室测量成本与现场点位排序成本的比值）。如果现场的测量值能准确地预测实验室的测量值，而且没有或很少发生排序错误，则两种测量值之间的相关系数接近于 1。如果现场测量值几乎没有能力预测实验室的测量值，则该系数为零。

表 7-3　使用现场测量值* 进行点位排序时估计平均值的近似成本比

排序错误程度（相关系数）	组容量（m）			
	2	4	6	8
1.0（没有错误）	5	3	2	2
0.9	6	5	5	5
0.8	7	8	8	9
0.7	12	12	12	16

注：* 假设现场测量值和实验室测量值均呈正态分布。

当现场测量值与和实验室测量值之间的相关系数接近于 1 时，由排序组合采样获得的信息比简单随机采样多很多。不需要为了排序组合采样再花费额外的努力，因此，成本比不需要太大。例如，如果相关系数为 1，说明没有排序错误，那么，当组容量 $m \geqslant 4$ 时，成本比只要不小于 2 或 3 就可以了。但是，如果相关系数为 0.8 或更小，则说明会发生排序错误，需要排序组合采样获得更多的附加信息。因此，成本比必须超过 8，排序组合采样才比简单随机采样更具成本效益。表 7-2 和表 7-3 表明，如果实验室测量的成本大约为筛选测量或专业判断的 6 倍，而且给出的数据均满足正态分布，那么，使用排序组合采样比简单随机采样有效益，除非选择的排序方法导致排序错误或现场测量值与实验室测量值之间相关程度太差。

另外，使用现场测量法还可以降低整个项目的成本。例如，通过使用一个动态的工作计划，减少往返现场的次数相应的费用也会减少。因此，使用现场测量值会节省很多费用。而且可能比上述简单地比较每个样品的成本所显示出来的还要多。

7.4.5.3 确定需要送实验室测量的样本数量

首先定义和讨论排序组合采样对简单随机采样的相对精密度。随后讨论在均衡的和不均衡的排序组合采样设计当中，如何使用相对精密度来计算需要送实验室测量的样本数量。

1）排序组合采样对简单随机采样的相对精密度

对于样本容量 n，简单随机采样与排序组合采样的相对精密度被定义为：

$$RP = \mathrm{Var}(\bar{x}_{SRS})/\mathrm{Var}(\bar{x}_{RRS}) \qquad (7\text{-}19)$$

式中，$\mathrm{Var}(\bar{x}_{SRS})$ = 用简单随机采样选取采样点位时，实验室测量平均值的方差；

$\mathrm{Var}(\bar{x}_{RRS})$ = 用排序组合采样选取采样点位时，实验室测量平均值的方差。

由式（7-19）可知，相对精密度的值大于 1，意味着 $\mathrm{Var}(\bar{x}_{RRS})$ 比 $\mathrm{Var}(\bar{x}_{SRS})$ 小，在这种情况下，如果成本比超过表 7-2 或表 7-3 中给出的值，应该考虑使用排序组合采样代替简单随机采样。

当使用均衡排序组合采样时，不论实验室测量数据的分布情况如何，排序组合采样与简单随机采样的相对精密度总是大于或等于 1，这意味着 $\mathrm{Var}(\bar{x}_{RRS})$ 总是比 $\mathrm{Var}(\bar{x}_{SRS})$ 小。即当使用均衡排序组合采样时，简单随机采样与排序组合采样的相对精密度 RP 在 1~$(m+1)/2$之间：

$$1 < RP < (m+1)/2 \qquad (7\text{-}20)$$

式中，m 为组容量。

如果 $m=2$，则相对精密度的值在 1~1.5 之间；如果 $m=3$，则相对精密度在 1~2 之间。对于任何给定的目标总体，具体测量值的相对精密度取决于实验室测量数据的分布情况。当测量值呈矩形分布时，给定的排序几乎没有错误，相对精密度的上限可以达到 $(m+1)/2$。对于所有的其他分布，相对精密度在 1~$(m+1)/2$之间。当排序完全随机时，即专业判断或现场测量值根本不能正确地为现场点位排序时，相对精密度的下限为 1。

为了使用如下程序计算样本容量，需要指定相对精密度的值。部分对数正态分布的相对精密度数据如表 7-4。表 7-4 中，当相对精密度值 $C_V=0.10$ 时，对数分布近似于正态分布。这是因为当 C_V 值很小时，对数分布曲线的形状非常类似于正态分布。随着 C_V 值的增大，对数分布曲线延伸到高值区的尾巴会越来越长。实际采样设计时，一般对数据的分布形态并没有十分确切的把握。当使用均衡排序组合采样设计时，也常使用表 7-4 中列出的对数分布的相对精密度值来近似地估计实验室分析所需的样本数量。

表 7-4　对数正态分布的均衡排序组合采样与简单随机采样的相对精密度（*RP*）

组容量（m）	变异系数（C_V）			
	0.1	0.3	0.5	0.8
2	1.5	1.4	1.4	1.3
3	1.9	1.8	1.7	1.5
4	2.3	2.2	2.0	1.8
5	2.7	2.6	2.3	2.0
6	3.1	2.9	2.6	2.2
7	3.6	3.3	2.8	2.4
8	3.9	3.6	3.1	2.5
9	4.3	3.9	3.3	2.7
10	4.7	4.3	3.6	2.9

注：C_V 为对数正态分布的变异系数，$C_V=(\exp[F2]-1)^{1/2}$，式中 $F2$ 为该数据自然对数的方差。

2）确定均衡排序组合采样需要送实验室测量的样本数量

以给定的精密度和置信水平，使用均衡排序组合采样设计估计总体平均值，计算样本容量 n 的步骤如下。

步骤 1：确定实验室分析的样本数量 n_0，如果用简单随机采样来确定采样点位，则需要为估计平均值指定精密度和置信水平，确定 n_0 方法见简单随机采样法。

步骤 2：选择一个组容量值 m。这个值通常要根据在现场点位排序中使用的方法而定。若使用专业判断法给点位排序，组容量 m 最好不要超过 4 个或 5 个，因为凭视觉准确地给 4 个、5 个或更多的点位排序实际上是很难做到的。其他影响组容量大小的制约因素还有时间、人员数量及成本因素。

步骤 3：使用该区域的环境（污染）模型或前期研究的数据或在该场地收集新的数据（从同一总体中）确定一个相对的精密度值。为此，首先使用前期研究收集的数据计算变异系数，这些数据应来自于该场地或非常相似的场地，而且是使用相同的方法收集、处理和测量的。通过概率图或统计技术来确定这些数据的分布形态是否能假设为正态分布。一般情况下，用来计算变异系数的数据量 N 至少为 10。变异系数按下式计算：

$$C_V=\frac{S}{\bar{x}}$$

其中：

$$\bar{x} = \sum_{i=1}^{N} x_i / N$$

$$S = \left[\sum_{i=1}^{N} (x_i - \bar{x})^2 / (N - 1) \right]^{1/2}$$

步骤4：计算周期（循环）数 r：

$$r = (n_0/m) \times (1/RP) \tag{7-21}$$

式中，n_0 为简单随机采样的样本容量；$RP = \text{Var}(\bar{x}_{SRS}) / \text{Var}(\bar{x}_{RSS})$。

步骤5：计算需要送实验分析的样本数 n：

$$n = r \times m$$

由式（7-21）可知，当 $RP=1$ 时，因为 $r=n_0/m$，所以 $n=n_0$。说明专业判断和现场测量在现场点位排序中不发挥作用。在这种情况下，排序采样与简单随机采样相比就没有优势。因为排序组合采样需要的样本数与简单随机采样相同（$n=n_0$），只不过增加了选取没有利用价值的采样点位的成本。

在步骤4中，$RP = \text{Var}(\bar{x}_{SRS}) / \text{Var}(\bar{x}_{RSS})$，为了使 $RP>1$，可调整周期数 r 的值使得事实上 $\text{Var}(x_{RSS}) < \text{Var}(x_{SRS})$。

由表7-4可见，如果所选的组容量 m 非常小，而变异系数 C_V 非常大，数据呈高度不对称分布，则相对精密度接近于1。在这种情况下，使用均衡排序采样设计来估计高度不对称分布样本的平均值，并不比简单随机采样需要的样本容量少。如果变异系数 C_V 很大，应考虑使用不均衡排序采样设计。

3）不均衡排序组合采样需要送实验室测量的样本数量

制定不均衡和均衡的排序组合采样设计同样都分两个步骤：首先确定排序组合采样是否比简单随机采样更具有成本效益，如果有，就进行下一个步骤，确定需要收集送实验室测量的样本数量。如果实验室测量值倾向于非对称分布时，则应该考虑采用不均衡采样设计。对于不均衡排序组合设计虽然还需要进行更多的研究，以便开发最优的设计方法。这里介绍Kaur建立的“t-模式”法。

“t-模式”法包括收集 r 个周期的试验测量样本，样本数量 $n=(m-1+t)\,r$，式中 m 为预先规定组容量，r 的计算见式（7-21），t 为比1大的整数（表7-5）。如果选取了最佳 t 值，则不均衡排序组合采样设计的相对精密度要比均衡排序组合采样设计高。

表7-5　不均衡排序组合采样设计需要送实验室测量的样本数量最佳 t 值

C_V	t	C_V	t
0.25	1	2.5	7
0.5	2	3.0	8
1.0	3	3.5	9
1.5	5	4.0	10
2.0	6		

但是，表 7-4 中的相对精密度值用于非均衡排序组合采样设计就太小了，应将表 7-4 的相对精密度（*RP*）值乘以表 7-6 中的修正因子，再将修正后的相对精密度值代入式(7-21)中，确定 r 的近似值。若出现 C_V>1.5 的高值，应考虑估计的平均值是否准确。对于极不均衡的分布，应该考虑选择使用不同的统计值，如中位数。

表 7-6　相对精密度的修正因子

C_V	修正因子	C_V	修正因子
0.1	1.01	0.8	1.5
0.3	1.08	1.3	1.7
0.5	1.2		

* 将表 7-4 中的相对精密度值乘以对应的修正系数得到近似的相对精密度值，再用式（7-21）来确定 r。

7.5　自适应群集（簇）采样法*

自适应群集（簇）采样先用简单随机采样方法抽取 n 个样品，再从测量值超出标准值或阈值的区域采集补充样品。必要时也要采集和分析数轮补充样品。自适应群集（簇）采样跟踪上一轮采样的测量结果选择下一轮采样单元，逐渐缩小采样区域采样区域。自适应群（簇）采样设计类似于地统计学中的“加密采样”，涉及建立在概率基础之上的初始样本选择，特别是当初始单元中存在感兴趣的特征或超过规定限量时，选择补充样本进行观测。自适应群集（簇）采样设计有两个关键步骤：①选择初始采样单元；②确定将邻近单元添加到样本中的规则或条件。

7.5.1　自适应群集（簇）采样法的适用范围

自适应群集（簇）采样适合于估计和目标总体中感兴趣的特征（环境“热点”），主要用于快捷、廉价的测量，可以概括“热点”的范围，同时还可以使用所有收集的数据以合适权重为总体均值提供无偏估计值。

自适应群集（簇）采样设计非常适合于那些感兴趣的特征分布稀少但高度集中的总体，这种类型总体在渔业资源、生物种群、污染物浓度和环境“热点”调查等方面较常见，其典型应用是：描绘污染物的扩散范围、危险废物现场调查、外来物种调查等。当测量结果可以迅速反馈时，自适应群集（簇）采样设计是最有效的。

7.5.2　自适应群集（簇）采样法的优势

对于感兴趣特征分布稀少但相对集中的总体，自适应群集（簇）采样方法能够以相同的

* 本节引自《环境监测数据质量管理与控制技术指南》（沈阳环境监测中心站编，中国环境科学出版社，2010 年 12 月第一版）中自适应群集（簇）采样法内容。

样本容量获得比其他随机采样设计更高的精确度。自适应群集采样设计有以下几个特点。

（1）不像其他的随机采样设计仅仅针对一个目的，自适应群集（簇）采样设计可同时达到两个目的，既可以估计平均值又可以确定环境热点的范围。自适应群集（簇）采样将更多的资源集中在“热点”区域。只要初始样本“点击”到了感兴趣的区域，自适应群集（簇）采样就会在这些“热点”区域选择更多的采样单元。

（2）在自适应群集（簇）采样设计中使用现场技术可以快速地反馈测试结果，并可以减少采样的工作量，最终可获得更多的环境参数特征值。

虽然自适应群集（簇）采样会导致较大的样本数量，但使用这种方法可以描绘出“热点”区域的分布。

7.5.3 自适应群集（簇）采样法的限制

自适应群集（簇）采样中，采样、测量、重新采样、重新测量这些反复的过程可能需要花费相当长的时间，如果没有快捷而廉价的现场测量方法，会大幅增加采样工作量和费用。由于采样过程的停止取决于在后续的采样单元中不再发现感兴趣的特征（“热点”），所以最终的样本数量是一个未知数，导致总成本也是无法预计。

与自适应群集采样有关的统计理论和分析方法仅限于估计平均值和方差。只有当初始样本是建立在概率统计采样的基础之上时，该样本的平均值和方差才是总体均值和方差的无偏估计值。

采用自适应群集采样设计可能会漏掉某个热点区域，存在错漏的风险。

表 7-7 列出了自适应群集采样与简单随机采样、网格采样设计的主要性能及其比较，分两种情况：①初始样本的选择使用简单随机采样设计；②初始样本的选择使用网格采样设计。

表 7-7　自适应群集采样与常规采样设计的比较

性能	常规采样		自适应群集采样	
	简单随机采样	网格采样	初始样本使用简单随机采样	初始样本使用网格采样
是否可得到平均值和方差的无偏评估值	是	是	是	是
置信限/假设检验	是	是②	是①	是①②
误判率可否定量	是	是	是①	是①
确定热点的可能性	否	是	否	是①
确定热点的范围	否	否	是	是
是否可以计算样本容量	是	是	否	否
是否可以预测采样的成本	是	是	否	否

注：①仅取决于初始样本容量；②在给定的有效性条件下（见 7.5.3 和 7.5.4 两节）。

7.5.4　自适应群集（簇）采样设计方法

图 7-1 为自适应群集（簇）采样设计示意图。

<table>
<tr><td></td><td></td><td>1</td><td></td><td></td><td></td><td></td><td></td><td></td><td></td></tr>
<tr><td></td><td></td><td>5</td><td>4</td><td></td><td></td><td></td><td></td><td></td><td></td></tr>
<tr><td></td><td>5</td><td>4</td><td>3</td><td>2</td><td>3</td><td></td><td>1</td><td></td><td></td></tr>
<tr><td>5</td><td>4</td><td>3</td><td>2</td><td>1</td><td>2</td><td>3</td><td></td><td></td><td></td></tr>
<tr><td></td><td>4</td><td>3</td><td>2</td><td>2</td><td>3</td><td>4</td><td></td><td>1</td><td></td></tr>
<tr><td></td><td></td><td>4</td><td>3</td><td>3</td><td>4</td><td></td><td></td><td></td><td></td></tr>
<tr><td></td><td></td><td></td><td></td><td></td><td></td><td></td><td></td><td></td><td></td></tr>
<tr><td></td><td></td><td>1</td><td></td><td></td><td></td><td></td><td>1</td><td></td><td></td></tr>
<tr><td></td><td></td><td></td><td>1</td><td></td><td></td><td></td><td></td><td></td><td></td></tr>
<tr><td></td><td></td><td></td><td></td><td></td><td></td><td></td><td></td><td></td><td></td></tr>
</table>

图 7-1　自适应群集（簇）采样设计示意图

说明：阴影部分为“热点”区域，1—初始样本；2—第一批毗邻单元；3—第二批毗邻单元；4—第三批毗邻单元；5—第四批毗邻单元

首先，在目标总体中布设网格，其中每个网格是一个潜在的（初始）采样单元，图中的阴影表示关注的“热点”区域。图中标注“1”的方框是随机选取的采样单元，它们构成初始样本。

当发现某个采样单元显示出感兴趣的特征（“热点”）时，就在其毗邻的单元采样，照此依次操作，直到采样单元再也没有出现“热点”为止。

估计均值和方差时，要谨慎使用 7.5.6.1 中的公式，因为并非所有的样本都是真正的随机样本。最终的样本由一群在初始观测单元周围选定的单元构成。每一个群集的边界由一系列不具有感兴趣特征的观测单元界定。不包括其边界单元的一个群集（簇）被称为一个网络。任何一个被观测的单元，包括初始单元和没有出现“热点”的边界单元，都是网络的成员之一。因此，可以将最终的样本分割成不重叠的网络。

7.5.5　自适应群集（簇）采样与其他采样设计的关系

可以使用其他采样设计获得初始样本。初始采样设计的选择依赖于可靠的“热点”分布的信息。如果对整个监测区域感兴趣的“热点”分布或程度所知甚少，初始采样设计最好选择简单随机采样。如果有可利用的历史资料，则可使用分层采样或网格采样方法。

另一种方法是使用一级和二级采样单元。如将监测区域划分为若干个带，这些带就是一级采样单元，每个带由多个二级采样单元组成。在初始的随机采样带里随机取出二级采样单元。如果在一条采样带内发现任何一个二级单元存在感兴趣的特征，就在其附近的二级单元采样。这个方法对于大面积采样特别有效。

7.5.6 样本平均值及其方差的计算

7.5.6.1 平均值及其方差的计算公式

本节提供的计算方法仅适用于初始样本是使用简单随机采样收集的数据集。

从一个具有 N 个单元的总体中选择一个容量为 n_j 的简单随机样本（如网格单元或带状单元）。定义并确定每个采样单元的毗邻单元。在初始样本中，对于每一个单元（Ⅰ），都要确定观测到的感兴趣特征（“热点”）是否满足规定的条件（控制限值 C）。例如，在一个采样单元中观测到感兴趣的特征，测量并发现某种污染物的含量超过控制限值 C（$y>C$）则还要继续在这些毗邻单元的周边采样，直到再也没有满足条件的单元出现。样本的网络单元由边界单元界定，也可以由不符合规定条件的单元界定，其中包括初始样本也包括在其周边采集的后续样本，但不包括边界单元。每个群集（簇）单元组成一个网络。任何一个被观测的单元，包括不满足条件的边界单元在内，都被认为是网络的成员之一。这种采样设计将 N 个单元的总体划分成截然不同的互不交叉的网络。

在每个采样单元中所采集的样本数量和使用的采样方法取决于应用程序的类型。应该用监测目标和决策规则来确定在每个单元中采集的样本是否具有足够的数量，是否应该采集混合样本。如果仅使用初始样本的数据，那么根据简单随机采样的设计公式，就可以获得平均值和方差的无偏估计值。然而，平均值和方差的无偏估计值应该建立在最终样本的基础上。这些估计值的计算要比简单随机采样复杂得多。对于一个自适应群集采样设计，若初始样本是一个简单随机样本，经修改后得计算公式如下：

$$\tilde{\mu} = \frac{1}{N}\sum_{k=1}^{k}\frac{y_k^*}{\alpha_k} \tag{7-22}$$

$$\hat{\mathrm{Var}}(\tilde{\mu}) = \frac{1}{N^2}\sum_{j=i}^{k}\sum_{k=1}^{k}\frac{y_j^* y_k^*}{\alpha_{jk}}\left(\frac{\alpha_{jk}}{\alpha_j\alpha_k} - 1\right) \tag{7-23}$$

式中，$\tilde{\mu}$ 为最终样本的平均值；$\hat{\mathrm{Var}}$（$\tilde{\mu}$）为最终样本平均值的方差；y_k^* 为第 k 个采样网格，感兴趣特征值 y 的总和；N 为总体中单元的总数；G 为与样本截然不同的网络数；α_k 为与第 k 个网络交叉的初始样本的概率；α_{jk}为与第 k 个网络和第 j 个网络二者同时交叉的初始样本的概率。

在初始样本单元中，不符合条件 C 的被称作为网络成员之一被列入计算中，但边界单元除外。

如果在第 k 个网络中有 x_k 个单元，则用如下组合公式计算 α_k 和 α_{jk}交叉的概率。

$$\alpha_k = 1 - \left[\frac{\binom{N - x_k}{n_1}}{\binom{N}{n_1}}\right] \tag{7-24}$$

$$\alpha_{jk} = 1 - \left[\binom{N - x_j}{n_1} + \binom{N - x_k}{n_1} + \binom{N - x_j - x_k}{n_1}\right] \bigg/ \binom{N}{n_1} \tag{7-25}$$

注：$\alpha_{jk} = \alpha_j$。

第二种类型的估计方法是经过改进的 Hansen-Hurwitz 法，主要基于初始交叉的数量。对于一个初始的简单随机样本，估计值的计算公式为：

$$\tilde{\mu} = \frac{1}{n_1}\sum_{i=1}^{N}\frac{y_i f_i}{m_i} = \frac{1}{n_1}\sum_{i=1}^{N} w_i = \overline{w} \tag{7-26}$$

$$\hat{\mathrm{Var}}(\tilde{\mu}) = \frac{N - n_1}{Nn_1(n_1 - 1)}\sum_{i=1}^{n_1}(w_i - \tilde{\mu})^2 \tag{7-27}$$

式中，y_i 为第 i 个单元的感兴趣特征值 y；n_1 为初始样本的单元数；N 为样本单元数；f_i 为初始样本中与网络 A_i 交叉的单元数，包括单元Ⅰ；m_i 为网络 A_i 中的观察数据，包括单元Ⅰ；w_i 为在网络 A_i 中 m_i 个观察数据的平均值，包括单元Ⅰ，$w_i = \frac{1}{m_i}\sum_{j \in A_i} y_i$。

自适应群集采样对常规采样设计的相对效率，可以通过比较两个设计平均值的方差来衡量，进一步的讨论可参考相关文献。Thompson 和 Seber 给出了可以提高自适应群集（簇）采样效率的几个因素（使用 Hansen-Hurwitz 评估法）($\hat{K}$)。

（1）当网络内部的变异在总体方差中所占的比例很高时，根据感兴趣的特征标示群集或聚集的总体。

（2）当总体中感兴趣的特征（“热点”）高度稀有时（即满足条件 C 的单元数占总单元数的比例很小）。

（3）当预期的最终样本容量比初始样本容量大不太多时（满足条件 C 的单元数以少数群集的形式聚集在一起，而不满足条件 C 的单元也包括在样本中但为数不多）。

（4）当以组群观测单元时，比随机观测散布在整个区域的同样数量单元的成本低。

（5）当观测的单元不符合条件时，其观测成本低于符号条件的单元。

（6）当用一个易于观测的辅助参数来确定补充采样的单元时，可以通过取消需要测量的边界单元来降低成本。

Christman 认为，自适应群集（簇）采样设计相对于简单随机采样的效率，取决于条件 C（$y>C$）的选择和毗邻单元的选择。随着 C 的增加，网络内部的方差有单元聚集的形式也可能会降低效率。例如，如果“热点”单元倾向于自然聚集，则包括自然聚集单元的毗邻结构比其中不包括自然聚集单元的毗邻结构更有效。

7.5.6.2 成本模型

因为样本容量是一个随机变量，很难预先估计自适应群集（簇）采样设计的成本。Thompson 和 Seber 提出了自适应群集采样成本的数学模型。当初始样本为 n_1 个单元，最终的样本为 L 个单元时，则总成本由以下几个部分组成：

C_T——总成本；

C_0——独立样本容量的固定成本（初始或最终）；

C_1——初始样本中每个单元的边际成本；

C_2——初始样本后补充的每个单元的编辑成本。

初始样本和最终样本的总成本为：$C_T=C_0+C_1n_1+C_2\ (L-n_1)$，是固定的。由于 L 是随机的，总成本 C_T 也是随机的。预计的总成本为：

$$E(C_T) = C_0 + C_1n_1 + C_2[E(L) - n_1] = C_0 + (C_1 - C_2)n_1 + C_2E(L) \qquad (7-28)$$

在多数情况下，观测一个包含感兴趣特征的单元的成本要比不包含这种特征信息的单元要高许多，因而根据成本来比较自适应群集（簇）采样设计与其他采样设计的相对优势，比单独根据样本容量来进行比较更为合适。

7.5.6.3 估计平均值或假设检验所需的最佳样本容量

使用自适应群集（簇）采样时，评估假设检验统计的性能是很困难的，也无法或难以确定最佳的样本数量。在估计平均值时，最终的样本容量是一个不能预先确定的随机量。为了提高自适应群集（簇）采样的效率，Thompson 和 Seher 提出了一些指导性的建议，一般应该考虑的是在边界单元和符合条件的单元之间样本容量应如何分配，以及最终的样本容量相对于初始样本容量应该大多少。此外，如果总体的数量和范围被低估，结果会涉及更多的单元，从而花费更多的时间或成本。如果因为这种低估使得补充样本的数量受到限制，估计平均值时就可能会出现偏差。Thompson 和 Seher 提出了限制采样总数的建议。当估计总体均值和方差时，作为自适应群集采样的一种替代办法，也可以考虑使用客观分析的算法。

7.6 混合采样法*

混合采样是将 1 个以上单独采集的样品经物理混合后形成独立、均匀的样品后再测量。混合采样是将独立的样品进行简单的物理混合，所以测量结果产生的平均值，与测量多个独立样品所产生的结果具有相同的精密度。混合采样需要测量的样品数较少，所以当测量成本在监测中所占的比例较大时，混合采样可大大降低成本。混合采样包含混合样品的单元，可能（也可能没有必要）由其他采样设计产生。混合采样时样本的选择不涉及基

* 本节引自《环境监测数据质量管理与控制技术指南》（沈阳环境监测中心站编，中国环境科学出版社，2010 年 12 月第一版）中混合采样法内容。

本统计学策略。混合采样方案中应规定如何进行混合采样（如用哪些样本来形成混合样本），以及需要采集多少混合样品。

混合采样主要目的是通过减少分析的样本数量而降低成本。但将样本进行物理混合后，测试结果应符合如下要求。

（1）要求混合过程中不存在安全风险和潜在的偏离（如待测物会在样品混合过程中减少）。

（2）将个别样品进行适当地混合以后，仍然能够像测量个别样品一样准确地测量待测参数。就是说，假定测量误差可以忽略不计的话，混合样品的测量结果等同于个别样品测量结果的平均值。

（3）以相同方式组成的混合样本的变异性小于个别样本的变异性。

（4）当研究的目标是估计总体均值时，单独采样一般与混合采样一致，而其他目标因为某些信息的丢失可能与混合采样不一致。

虽然混合采样主要用于估计总体的平均值，但在某些特殊情况下也可以用于估计总体的比例。

混合采样的另一个用途是确定稀有特征，在这种情况下，一般将样本分成具有或不具有某一特征的两类，仅将个别样品的等分试样而不是整个样品进行混合，使得一些个别样品可以根据混合样品的分析结果进行复测。如果组成混合样品的独立单元具有该特征，则混合样品也同样会有。因为混合采样和复测的目的在于将每个采样单元分类，而不是要做一个关于采样单元所代表的总体的统计推理。

当需要对有限数量的单元加以分类时，通常会用混合采样。当不需要考虑研究对象在空间或时间上的变化时，混合采样通常与其他方法一起用于估计目标的总体平均值。这种方法也可用于估计某些稀有特征存在的概率。为了确定“热点”单元，还可以将组成一个混合样品的个别等分试样，按照新的测试方案重新配比混合后再测定。

在某些情况下，混合采样可以与复测计划结合起来确定一个或一组具有最高污染水平的单元。当有感兴趣特征的单元为有限数量时，常使用这种采样设计。该方法假定测量误差可以忽略不计。用混合样本测量的相对量值来确定哪些混合样本中包含最高水平的单元，如果包含，则组成这些混合样品的个别样品将被重新测试，然后确定哪个单元的浓度最高。表 7-8 列出了使用混合采样和复测计划的 4 种基本情况。

表 7-8　使用混合采样设计的 4 种基本情况

类型	目标	所处章节
混合采样	①估计连续测量的总体（或层）平均值（如污染物浓度）	7.6.1
	②估计显示某些特征的总体比例	7.6.2
混合与复测相结合	③将采样单元分成具有或不具有某些性状的组	7.6.3
	④确定某个连续测量的具有最高值的采样单元，或确定具有较高百分位数的采样单元	7.6.4

表 7-8 的①和②中，监测目的是对特定的目标总体进行评估，这时混合采样意味着采样设计与混合方案相结合。采样设计描述从目标总体中选择采样单元的方法，并明确规定选择哪个采样单元及其选中的数量。混合方案描述混合样品的形成和处理方式，指明是将整个样品混合，还是将每个样品的等分试样混合，形成混合样本的数量（m），组成每个混合样品的采样单元数（k）。

在③和④中，强调的是单元水平不是目标总体的水平。因此这些方法涉及的混合采样和复测方案，不仅要确定如何形成混合样品，同时还要确定何时以及如何进行后续的复测，直至确定最终的具体单元。复测的方法取决于混合样品的测试结果。为了能够对个别的样品进行复测，必须保持个别样品的独立性和完整性；这意味着混合样品必须是由个别样品的等分试样混合而成。然后，根据混合样品的测试结果，决定哪些个别样品的候补等分试样需要复测。

在考虑使用混合采样之前，需要仔细权衡它的优点和缺点。表 7-9 提供了关于判断混合采样是否具有成本效益的一般性指导除了它的潜在优势外，有时为了样品有足够数量满足分析的要求也要进行混合采样（如大气颗粒或生物体组织样品）。另外，一个单一的环境监测或调查也许同时有几个目标，例如，估计总体平均值及其密度、通过反复测试确定污染物浓度最高的单元等。在这些情况下必须考虑使用混合采样的方式，以节约成本。

表 7-9　判断混合采样是否具有效益的标准和条件

标准	适合使用混合采样的条件
费用分析	与样品采集和处理的费用相比，分析的费用较高
分析的变异性	相对于场地或过程固有的变异性，分析的变异性很小
目标是估计总体的平均值	个别样品的信息不是很重要，关联的信息也不是很重要（如两种污染物之间浓度水平之间的关系）
目标是估计具有某个特征的总体比例	如果个别样品具有该特征，那么混合样品也同样有；错误分类的可能性很小；特征是罕见的
目标是根据是否具有某个特征对样品分类	如果个别样品具有该特征，那么其混合样品也同样有；错误分类的可能性很小；可以重复测试个别样本的等分试样
目标是识别最大值的样品	测量误差可以忽略不计；可以重复测试个别样本的等分试样
分析样品的浓度范围	相关的重要的浓度必须高于方法检测限
自然障碍	样品的混合不会影响样品的完整性（期望没有化学反应或者干扰，或由于被分析物质的挥发而造成损失）或发生安全性事故；个别样品能够被充分地匀质化

7.6.1　估计平均值的混合采样

估计平均值的混合采样是目标为估计总体平均值时的混合采样（如污染物通量，生物体内污染物含量）。重点关注如下条件：

（1）组成混合样品的个别样品的大小和形状（在体积或质量方面）相等。

（2）组成每个混合样品的样本数相同。

（3）选择单独的子样或等分试样进行分析。

（4）对子样进行单独分析。

（5）可能形成大量的潜在的混合样品，但实际上形成的混合样品数很少。

如果要使混合样品相当于个别样品的简单平均值，则必须具备上述条件（1）。如果要使所有混合样品的成分相同，则必须具备条件（2）。当考虑使用混合采样时，通常要用到条件（3）和条件（4），因为等分试样和测量有关的变异通常要比总体的变异小。当组成混合样品的单元大小和数量不相同时，或条件（3）、条件（4）和条件（5）得不到满足时，需要对估计值和统计分析得计算方法进行修改。

7.6.1.1　估计平均值的混合采样法的适用范围

当满足下面所有条件时，使用混合采样设计估计平均值通常比较合适。

（1）多数混合样品监测参数的预期水平超出检测限，避免估计平均值时面临很多未检出值的困境。注意：第一，样品被混合时会丢失变异性信息，而为了获得有关变异性的信息可能需要重复使用混合采样方案，因为进行假设检验或构建置信区间可能需要这种信息。在这种情况下，隐含着研究的另一个次要目标——即估计平均值的标准偏差。第二，一些特殊的混合采样方案可以与数据分析技术一起使用，以便可以获得关于空间模式的一些信息。

（2）混合不至于影响样品的完整性。

（3）不存在与混合样品的概念相冲突的其他目标。例如，个别样品的时间或空间位置、总体变异性以及相关的信息都被认为是不重要的。

（4）与样品采集、处理以及混合的费用比较，分析测量费用相对较高。否则，混合采样的经济效益就不明显。

（5）每个样品的选择都根据一个给定的统计设计来进行（如简单随机采样或排序组合采样），不存在选择多个样本单元的阻碍问题。

（6）在形成合适的混合样品过程中不存在实际操作上的困难（如个别样品需要充分地均质化）。

（7）某些特殊监测参数（如生物体内污染物质含量），尽管单个样品间有差异，但受单个样品量太小而无法进行实验室分析测量的限制，采用样品混合来估计平均值（如将多个生物体混合测量污染物质含量）。

7.6.1.2 估计平均值的混合采样法的优势

使用混合采样估计平均值的主要优势在于可以用较少的成本获得同样精密度的估计值，或者以相同的成本获得更大的覆盖率。

混合采样的第二个益处是数据分析通常很容易。

7.6.1.3 估计平均值的混合采样法的限制

混合采样的主要局限性已在 7.6.1.1 中描述（不包括条件 2）。注意，混合采样会导致变异性的信息量减少。如果混合采样允许每个混合样品代表整个目标总体，假设对样品进行了适当的混合，而且测量过程也是公正的，那么测量的参数就是总体的平均值。然而，为了达到估计的精确度，这一过程需要重复多次。混合采样还会丢失关于个别样品、空间或时间模式的信息以及其他相关信息。不同时间和地点采集的样品之间往往存在时间和空间的关系，当使用混合采样时，会丢失这种信息。

在混合采样过程中难以避免引入大的误差，尤其是对于固体介质。环境介质的均匀性可能会直接影响混合样品的代表性。一般来说，同种物质的混合效果较好。然而，同种是一个相对的概念。将 n 个单独的样品进行混合时，人们都期望来自每个单独样品的任何一个等分试样都等于 $1/n$。如果这些样品性质各不相同，就很难达到上述要求。另一方面，液体要比固体更均匀，所以更适合于混合采样，但要在混合前充分摇匀，然后再取等分试样进行混合。

7.6.1.4 估计平均值的混合采样法的设计方法

框图 7-1 介绍了以最简单的方式（指等体积、等份额采样或者用每个样品的等分试样形成混合样）实施混合采样估计平均值的程序。借助于随机（或系统）采样，每个混合样品均代表整个目标总体。由框图 7-1 中的步骤 1、步骤 2 和步骤 3，可以得到合适的 k 值和 m 值。确定 k 值和 m 值的主要目的是建立计算项目总成本和方差的数学模型。总成本包括固定设施的成本、采集处理每个样品的成本和分析测量每个混合样品的成本。而方差模型则依据各方差分量估计平均值的方差。计算混合采样样本平均方差的公式为:

$$\text{平均方差} = \{V_M + V_I(1+f_C)/k\}/m = V_M/m + V_I(1+f_C)/n$$

式中，n 为样品总数；m 为混合样品的数；k 为组成混合样品的数；V_I 为内在的方差，也包括采集和处理样品的方差；V_M 为测量每个混合样品的方差；f_C 为与混合活动有关的系数。

“内在的方差”指的是在目标总体中各个单元之间实际浓度的自然变异，而“测量的方差”指的是在样品测量过程中引入的随机误差。上述方差公式假设组成每个混合样品的个别样品均为来自整个总体的独立的简单随机样本。当没有混合样品时，则 $m=n$，$k=1$，$f_C=1$。上述公式被简化成 $(V_M+2V_I)/n$，与简单随机采样计算平均方差的公式一致。

框图 7-1　等体积、等份额混合采样估计平均值的程序

步骤 1：确定初始的 k 值。如果相对于其他成本而言，混合成本可以忽略不计，而且由混合过程引起的附加方差也可以忽略不计，则可用表 7-10 来确定初始的 k 值。对于每个样本确定一个合适的体积，根据样本的物理性质、感兴趣特征的预期水平以及将它们充分混合即匀质化的能力，确定指定的 k 值是否可用。如果指定的 k 值过大，根据实际情况，选用最大的 k 值。

步骤 2：选择 m。由选择的 $n=mk$ 个样本，形成 m 个混合样品进行分析，将成本控制在预算之内。总成本等于固定设施的成本，加上采集、选择和处理 n 个样品混合形成 m 个混合样品的成本，再加上 m 个样品的分析测量成本。

步骤 3：检查。m 应该足够大，以便产生充分准确的平均估计值。估算均值的方差等于未混合样品均值的方差加上测量误差的方差乘以（$k-1$）$/mk$（假设混合过程中不引入误差）。如果需要提高精密度或者要对平均值的置信区间进行计算或检验（也许需要更大的 m 值），应权衡考虑精密度的损失，增加 m 或减少 k 值。

步骤 4：根据给定的采样设计和混合方案选择 k 值（见 7.1 节简单随机采样法）。

步骤 5：按如下方法形成一个混合样品。物理混合并匀质化每个样品（如果每个单独的样品整个包含在其混合样品中，则没有必要）。每 k 个样品组成 1 个混合样，从每个样品中取等体积或等份额的试样进行物理混合并充分匀质化。

步骤 6：重复 m 次步骤 4 和步骤 5，直到形成 m 个混合样品。

步骤 7：对于每个混合样品，获得感兴趣的测量值，必要时进行等体积或等分试样的测定。

在这些简化的假设下，确定最佳 k 值是相对成本和方差的函数（见 7.6.5 节）。在这种条件下提供的最佳 k 值如表 7-10。为了使用这个表，需要已知总体变异的前期信息和预期的方差。

表 7-10　估计总体均值的最佳 k 值

成本比例	测量误差与内在标准偏差的比值									
C_M/C_S	0.10	0.20	0.30	0.40	0.50	0.60	0.70	0.80	0.90	1.00
2	14	7	5	4	3	2	2	2	2	1
3	17	9	6	4	3	3	2	2	2	2
4	20	10	7	5	4	3	3	3	2	2
5	22	11	7	6	4	4	3	3	2	2
8	28	14	9	7	6	5	4	4	3	3
10	32	16	11	8	6	5	5	4	4	3
15	39	19	13	10	8	6	6	5	4	4
20	45	22	15	11	9	7	6	6	5	4
50	71	35	24	18	14	12	10	9	8	7

假设：混合的成本可以忽略不计，由混合而引入的方差也可忽略不计，而且待混合的样品可以从整个样本中随机选取。C_M 和 C_S 分别代表分析每个样品的成本和采集、处理每个样品的成本。

7.6.1.5 估计平均值的混合采样法设计与其他采样设计的关系

混合采样除了与简单随机采样和网格采样联合使用外，也可以考虑其他一些替代的混合采样方案。例如，如果一个总体被分为大小（质量或体积）相等的 k 个层，那么可以在每一层中选出一个样品，然后将 k 个样品混合在一起。这样可以避免得到的随机样本被聚集在目标区域的一个亚层中。如果重复这一过程 m 次，就可以由这些混合样品测量结果的平均值估计目标总体的平均值，而且可以用混合样品测量结果的方差来估计平均值的精密度。用这种方法获得的平均值的精密度可能不如简单随机采样，但却可以保证该样本能够恰当地覆盖目标总体。如果分层的标准与感兴趣的变量相关（首先分层要合理），则会提高平均值的精密度。

如果混合采样仅限于层内，而不是在整个场地或全过程中进行，那么用这种方法估计的平均值，其精密度要优于将混合采样与简单随机采样或系统/网格采样相结合的采样设计。如果污染物的浓度在层内比层间均匀的话，则精密度的提高是明确的。这种方法的主要优点是可以获得一些空间和时间方面的信息；此外，如果复测实际可行，则可以有效地获得选中的具体单元的信息。但缺点是难以获得一个好的精密度的估计值，特别是在不同层之间的变异差别较大时。在这种情况下，为了提高估计平均值的精密度，一个较好的办法是形成各层估计值的加权组合，总体方差估计值由分层采样设计获得的总体均值的方差构成（见 7.2.6 节）。

为获得一个有意义的总体平均值，混合采样适合于与某些其他类型的采样设计联合使用。

（1）简单随机采样。在整个区域由每 k 个采样单元组成一个混合样品，共选取 m 个简单随机样本。如果使用等体积或等分试样混合的话，总体平均值的估计值就等于 m 个混合样品测量的平均值。平均值的标准偏差根据 m 个混合样品的测量误差计算。如果要计算置信区间或进行假设检验，需要估计混合样品的平均值及其方差，那么 m 值必须足够大。为了达到这一目的，有时可能需要将 m 和 k 的值折中一下。

（2）网格采样。包括形成具有不同分层值的 m 个网格，每个网格内由 k 个采样点，将来自这些点的样品混合。估计的平均值及其方差可能与随机采样的值相似。

（3）分层随机采样或分层网格采样。如果混合样品由一个层内的样品组成，则估计的目标总体的平均值就是这些层的加权平均值。所以，估计的平均值的方差取决于层内的方差。因此，如果期望估计的精密度比随机采样更高，就要假设层内的方差（或标准偏差）小于层间。准确地估计平均值的方差也许很困难，因为要想获得较高精密度的估计值，需要更多的混合样品，而估计的成本也会增加。这种方法最大的优势是能够保留时间或空间变化的信息。

（4）分段式采样。单元属于自然形成的组，或称为批次，在采样的第一阶段从 H 组中选出 h 个批次。然后，从每个批次中选出 n 个样本，并由这些样本组成 m 个混合样品。如果 $h=H$，则批次等于层数。但是，如果 $h<H$，就是分段式采样。例如，在排污监测中，批次即为天数，在被选中的日子里随机采集水样形成代表该批次的混合水样。这种方法应用得比较普遍。

（5）排序组合采样。混合采样可以和排序组合采样混合使用。一般是将具有相同排序的样品混合形成混合样品。其优缺点类似于分层采样。也可以考虑混合与排序交叉。假设随机选出 9 个样本，每 3 个样本为一组，共分成 3 组。通过测量与感兴趣的特征有关的参数给每个组中的 3 个样品排序。将排序相同的样品分到一个组中，将它们混合后测量。最初的 9 个随机样品就变成了 3 个混合样品。就估计平均值的精确度而言，这种方法优于样本容量相同的简单随机采样或混合采样。但是，它可能不如样本容量为 9 的随机采样或将所有 9 个样品混合。因此，只要有理由说明为什么要将 3 个样品混合而不是将 9 个样品混合，混合采样与排序结合就是一种好的方法。

7.6.2　估计总体比例的混合采样

在特定的环境下，混合采样给估计具有一定特征的总体比例提供了一种有效的方法。采样的主要目的是估计具有某些特征的单元在总体中所占的比例，而对于究竟哪些单元具有该特征并不感兴趣。在监测的前期阶段，想要确定进一步的测试是否有必要时，可能需要了解这个比例。

7.6.2.1　使用估计总体比例的混合采样适用范围

使用混合采样估计总体比例，虽然不是一个常见的方法，但如果适用的条件恰当，还是有成本效益的。如果将混合采样用于这种目的，应具备如下所有的条件。

（1）不太关注个别样本的信息及其（或者）空间或时间方面的信息。

（2）分析成本比有关的采样成本（样品采集、处理和混合）相对较高。否则，混合采样不具有成本效益。

（3）预计具有感兴趣特性的单元在总体中所占的比例很小。否则，混合采样不具有成本效益。

（4）没有妨碍随机选择采样单元的实际困难。

（5）形成适当的混合样品没有实际困难。

（6）混合不影响样品的完整性。

（7）将混合样品错误分类的可能性很小，可忽略不计。如果感兴趣的性状是根据被测量物的存在与否进行分类，那就意味着个别样品不是处于“高”水平就是（基本上）处于“零”水平。即只有当具有和不具有感兴趣特征的那些单元之间有明显的区别时，混合采样才会正常发挥作用。

7.6.2.2　使用估计总体比例的混合采样优势

使用混合采样估计总体比例的优势是可以节约成本。

7.6.2.3　使用估计总体比例的混合采样限制

主要的限制已隐含在 7.6.2.1 节的条件（4）~条件（7）中。当被测量的物质存在与否是感兴趣的特征时，特别要关注条件（7），因为由于稀释效应的影响错误分类的概率可能变得不容忽视。另一个潜在的问题是，根据统计学计算出来的组成每个混合样品的最佳单元数（见 7.6.2.4 节）可能太大，没有可操作性，即不具备条件（5）。

7.6.2.4 使用估计总体比例的混合采样设计方法

设 p 为总体中具有制定特征单元的未知比例（在总体中随机选取的单元中，p 为试验阳性的概率）。为了使用混合采样来估计 p，在总体中每随机选取 k 个单元，组成 L 个混合样品，共形成 m 个混合样品，测量每个混合样品。如果 m 个混合样品中出现阳性测试结果的数量为 x（这取决于 k），则可用 x/m 估计 p^*，其中 p^* 表示在容量为 k 的混合样品中试验阳性的概率。因为阳性结果的数量 x，具有一个已知的统计分布（具有参数 m 和 p^* 的二项分布），当使用随机采样设计时，p^* 和 p 之间的关系为 $p=1-(1-p^*)L/k$。通过用 x/m 取代方程中的 p^*，可以得到估计值 p。如果分类错误率很小，这一估计值可以接受，否则需要修改估计值。

框图 7-2 提供了实施混合采样的具体程序。为实现 m 和 k 的适当组合，需要预期最大的 p 值；同时，还需要规定 p 值的精密度。为达到规定的精密度水平，表 7-11 提供了选择 m 和 k 的取值。估计的精密度随着混合样品数量 m 的增加而增加。该表从统计学的角度来估计精密度，针对于不同的 m 和 p 值给出了最佳 k 值。此最佳 k 值随着 m 的增加而增加。若 p 值很小，那么指定的 k 值实际操作起来可能太大，这也许是因为匀质化困难，或者是因为担心稀释效应的影响会否定分类误差最小的假设。表 7-11 还与最佳 k 值一起，给出了 95%置信区间的宽度。用混合采样方案估计 p 值还可以把样品采集、处理、混合与分析测量的相对成本考虑进去。

表 7-11 估计 p 的最佳 k 值和 p 的近似置信区间

m	预期最大的总体比例							
	$p=0.25$		$p=0.10$		$p=0.05$		$p=0.01$	
	最佳 k 值	置信区间	最佳 k 值	置信区间	最佳 k 值	置信区间	最佳 k 值	置信区间
100	5	±0.06	14	±0.02	30	±0.012	—	
70	5	±0.07	14	±0.03	30	±0.015	—	
50	5	±0.08	12	±0.04	25	±0.018	—	
40	4	±0.09	12	±0.04	20~25	±0.021	—	
30	4	±0.11	10	±0.05	20	±0.025	—	
20	3	±0.14	8	±0.06	15	±0.03	60	±0.007
10	3	±0.22	5	±0.11	9	±0.06	35	±0.014

框图 7-2　使用混合采样估计总体比例的程序

步骤 1：根据经验，确定感兴趣特征总体比例 p 的上限。因为当 $p>0.25$ 时，混合采样没有成本效益，所以只有当 $p\leqslant 0.25$ 时才继续进行步骤 2。

步骤 2：确定每个样品的量（体积、面积、个体数或质量），并根据样品的物理性质、待测的特征和将样品混合并充分匀质化的能力，确定可以混合的样品最大数，用 K 表示。

步骤 3：根据步骤 1 确定的 p 值从表 7-11 中找到一栏（或一个插入值）。在这一栏中，可以考虑小于 K 的任何一个最佳 k 值，在行中选择精密度看起来是可以接受的最小 m 值（表 7-11 中精密度的置信区间大约为 95%）。

步骤 4：计算 $n=m\times k$ 个样品的采样和测量成本。总成本 = 固定设施的成本 + 采集/处理 n 个样品的成本 + 混合并测量 m 个混合样品的成本。

步骤 5：如果成本超过现有的资源负担，为实现有益的 m 值和 k 值，权衡考虑精密度的损失（注意：k 小于或等于 K 的限制可能导致 m 和 k 的最佳组合不能实现。可以用 7.6.6 节中的公式来计算特定组合的精密度，并用该公式的第 4 步计算总成本）。

步骤 6：使用简单随机采样设计从目标总体中选择 k 个样本。见随机样本选择方法。

步骤 7：形成混合样品。物理混合并匀质化 k 个样品中的每一个样品（如果每个样品的体积相同并整个包含在混合样品中，这一步可省略）。从这 k 个样品中的每个样品中选取相等份额的等分试样，将其进行物理混合并匀质化。

步骤 8：重复 m 次步骤 6 和步骤 7，形成 m 个混合样品。

步骤 9：获取每个混合样品感兴趣参数的测量值，必要时对等体积等分试样进行复测。设 x 为 m 混合样品中具有感兴趣特征的样品数量，则有：$p=x/m$。按 $\hat{p}=1-(1-p)^{1/k}$ 计算该特征在总体中的比例。参考 7.6.6 节估计该估计值的精密度。

7.6.2.5　使用混合采样估评总体比例设计与其他采样设计的关系

估计总体比例的混合采样设计应该使用简单随机样本；否则 p 和 $p*$ 之间不存在相关性。

7.6.3　识别二元特征的混合采样

混合采样的另一个主要用途是将单元分成具有或不具有某种性状的两类。这时需要对某些单元进行复测，因此应保持单元的特性和标识，只测试个别采样单元的等分试样（而不是整个样品）组成的混合样品。然后再根据分析混合样品的结果确定需要复测的单元。所以，混合样品的分析结果必须能够迅速反馈，才可实施复测计划。由于混合采样和复测方案的目标是将各单元进行分类，而不是统计推断单元所代表的总体，所以当单元的数量有限并需要将所有单元进行分类时，通常可使用混合采样和复测计划。本节分两种情况介绍各种类型的混合采样和复测计划，在这两种情况下一个基本的假设是测量误差非常小，而且不干扰是与否的鉴别。

第一种情况是研究二元特征（鉴别是与否）。在这种情况下，假设：如果组成混合样品的任何一个单元具有该性状，则它们的混合物也同样具有。因此，试验阴性的混合样品不需要补充测试，而试验阳性的混合样品则需要通过复测计划进一步测试。在这种情况下，有和没有该性状的单元之间具有明显的区别，发生错误分类的概率非常小。混合采样的主要意图是，通过复测来识别可能显阳性的单元，如果该性状足够罕见，则混合采样和复测计划仅需要分析较少的混合样品，而不是简单地测试所有的采样单元。确定各种混合采样和复测计划的效能相对简单。

第二种情况是将一个连续的非负测量值 x 与一个阈值水平 C 进行比较。在这种情况下，如果一个单元的测量值为 $x \geq C$，就认为它具有感兴趣的特征。当形成混合样品时为了识别这样的单元必须调整阈值水平。最坏的情况是，在混合样本中只有一个单元的 $x=C$，而其余的 $K-1$ 个单元的 $x=0$；如果混合样品是由 k 个单元组成，为了从中识别 $x=C$ 的单元，需要将混合样品浓度与 C/k 比较。在这种情况下，可能会遇到两个方面的困难：①“一个阳性的混合”并不一定意味着一个或多个组成单元为阳性（有可能出现浓度大于 C/k 的混合样品，但却不包含 $x=C$ 的单元）；②在许多情况下，假设测量误差可以忽略不计是不成立的。这就更难为给定的混合采样和复测计划估算费用，因为在这种情况下，预计分析的样本数取决于测量值 x 的基本分析（空间或时间），而不仅仅是对一般特征的调整。

7.6.3.1　二元特征混合采样的适用范围

为了将采样单元分类，以下是适合使用混合采样和复测计划的条件。

（1）有一组预定义的要被分类的单元。它们可能是来自某个总体的一个样本，但推论仅限于组内实际存在的单元。

（2）与样本采集、处理和混合的费用相比，测量样本的费用相对较高。否则，混合采样和复测计划没有成本效益。

（3）具有感兴趣的总体比例很小。否则，混合采样和复测计划没有成本效益。

（4）由个别单元可以获得有代表性的等分试样。由等分试样形成合适的混合样品没有任何实际困难。

（5）混合不会影响样品的完整性。

（6）单元的复测是可行的。能够保持单元的特性和标识，在整个测试和复测阶段样品可以得到妥善的保管。

（7）混合样本错误分类的可能性很微小。如果给样本分类的依据是存在或不存在感兴趣的特征，那么就意味着，单独的样品要么具有较高的浓度水平，要么基本上处于零的水平，在这种情况下，存在或不存在感兴趣特性的单元之间有明显的区别，混合采样才能正常发挥其优势。

（8）可以及时提供分析结果（有些复测计划需要连续有效的测试结果，有些则不需要。如果获得测试结果需要花费很长的时间，最好不使用混合采样和复测计划）。

7.6.3.2　二元特征混合采样的优势

混合采样的主要优势是可以节约成本。但只有具有当感兴趣特征的单元在总体中所占比例很小，而且分析成本与样品采集、处理、保存和混合的成本相比相对较高时，才能实现节约成本的目的。

7.6.3.3　二元特征混合采样的限制

主要的限制在适用范围（7.6.3.1 节）的条件（4）~条件（8）中。尤其是当感兴趣特征的特性是被测量物存在或不存在时，由于稀释效应的影响（导致错误接受的结果）错误分类的概率可能变得不容忽视。

7.6.3.4　二元特征混合采样的设计方法

框图 7-3 为当感兴趣的特征为二元特征时，使用混合采样和复测计划给单元分类方法。表 7-12 中列出了各种行之有效的混合采样计划和复测计划。为制定一个适当的计划，首先需要确定测试程序是否能够迅速地提供分类的结果（表中第二栏）。如果能够，可以考虑连续类型的计划，否则，应使用一个非连续的计划。表 7-12 中的各行列出的是从最简单到最复杂、从最昂贵到最具成本效益的混合采样计划。

框图 7-3　使用各种混合采样和复测计划的通用方法

步骤 1：根据已有的资料，确定一个具有感兴趣特性的总体比例 P 的上限。

步骤 2：根据样品的物理性质、体积、稀释效应影响以及将它们充分混合及匀质化的能力确定可以混合的等分试样的最大数（个）。等分试样个数的上限用 K 表示。

步骤 3：根据分类结果是否可以及时提供（见表 7-12），连续计划是否切实可行，确定适当的混合采样和复测计划。

步骤 4：对于给定的计划，确定最佳 k 值是否小于 K，如果 $k<K$，使用最佳 k 值；否则使用可能的最大 K 值。

步骤 5：根据需要分类的单元数量，为选定的 k 和预期的总体比例估计费用（根据表 7-16 中的公式）。

步骤 6：如果估计的费用超过现有的资源，则应考虑成本效益，调整 m 值和 k 值。注意，k 小于或等于 K 的限制，可能会导致不可能实现 m 和 K 的最佳组合。

步骤 7：方案的实施。注意：①将更可能具有感兴趣性状的单元分到一个混合样品中会比随机分组导致更少的复测样品数量，所以如果有这种类型的信息，应尽量使用；②形成每个混合样品时，应先将每个样品充分混合，然后再从每个样品中取得等分试样形成混合样品，在进行分类测量之前将其充分匀质化。

表 7-12　识别二元特征的混合采样和复测计划

计划名称	连续试验结果是否可迅速获得	过程的描述	可用的最佳 k 值表
延伸复测	否	测试每个混合样品：对于每个试验阳性的混合样品，测试所有的单独样品（至少一个为试验阳性）	表 7-13
简略的延伸复测	是	测试每个混合样品：对于每个试验阳性的混合样品，测试其中的 k-1 个单独样品；如果 k-1 个样品试验阴性，则第 k 个样品的阳性（无需测试）	
连续复测	是	测试每个混合样品：对于每个试验阳性的混合样品，连续测试所有的单独样品；直至发现阳性的单元	表 7-14
简略的连续复测	是	测试每个混合样品：对于每个试验阳性的混合样品，连续测试其中的 k-1 个单独样品，若结果均为阴性，则没必要测试最后一个的单元（因为已知它是阳性）	
二元分割复测	否	测试每个由 k 个单元组成的混合样：对于试验阳性的混合样，由 k/2 个单元组成新的亚混合样并测试；继续这个分割和复测计划，直至将所有的单元分类	表 7-15
简略的二元分割复测	是	与二元分割复测计划同样，预期只形成一个亚混合样（由试验阳性混合样的 k/2 个单元构成），如果试验阴性，则由次-亚混合样的 k/4 个单元形成混合样并测试；继续分割和复测，直至将所有的单元分类	
基于熵的复测	是	连续形成混合样品：当由 k 个单元组成一个亚混合样品试验阳性时，由 k/2 个单元组成一个亚混合样品；如果试验阳性，作为简略的二元分割复测计划处理；但是，对于第一个亚混合样（或次-亚混合样），每当阴性结果出现时，其余的单元就要与留下来准备分类的哪些单元形成新的混合样品（由 k 个单元组成）并测试。直至将所有的单元分类	

表 7-12 中第四栏提到表 7-13~表 7-15，在这些表中分别给出了延伸复测、连续复测和二元分割复测计划的最佳 k 值和相对成本。成本计算依据的假设是阳性单元是随机产生的。但如果现有的资料允许更多的类似单元组成混合样品的话，那么这样的分组可以减少一些预计的分析数量及成本。

表 7-13　延伸复测时组成每个混合样品最佳 k 值

预期的总体比例 p	最佳 k 值	相对成本
≥0.31	1	1
0.13，0.14，…，0.30	3	0.67，0.70，…，0.99
0.07，0.08，…，0.12	4	0.50，0.53，…，0.65
0.05，0.06	5	0.43，0.47
0.03，0.04	6	0.33，0.38

续表

预期的总体比例 p	最佳 k 值	相对成本
0.02	8	0.27
0.01	11	0.20
0.005	15	0.14
0.001	32	0.06

注：相对成本 = $1+(1/k)+(1-p)$。

表 7-14　连续复测时组成每个混合样品的最佳 k 值

预期的总体比例 p	最佳 k 值	相对成本
≥0.31	1	1
0.22，0.23，…，0.30	3	0.843，0.863，…，0.992
0.13，0.14，…，0.21	4	0.629，0.654，…，0.822
0.09，0.10，0.11，0.12	5	0.510，0.541，0.571，0.600
0.06，0.07，0.08	6	0.406，0.443，0.478
0.05	7	0.367
0.04	8	0.324
0.03	9	0.276
0.02	11	0.221
0.01	15	0.152
0.005	21	0.106
0.001	45	0.046

注：相对成本 = $2-q+(3q-q^2)/k-[1-q^{k+1}]/kp$，其中 $q=1-p$。

表 7-15　二元分割复测的最佳 k 值

预期的总体比例 p	容量为 k 时初始混合样品的数量 m							
	2	4	6	8	10	12	14	16
>0.38	1	1	1	1	1	1	1	1
0.28~0.38	2	2	2	2	2	2	2	2
0.27	2	2	2	2	2	2	2	2
0.26	2	2	2、3	2	2	2	2	2
0.25	2	2	3	2、3	2、3	2、3	2、3	2
0.24	2	2、4	3	3	3	3	3	2、3

续表

预期的总体比例 p	容量为 k 时初始混合样品的数量 m							
	2	4	6	8	10	12	14	16
0.20~0.23	2	4	3	3	3	3	3	3
0.19	2	4	3	3、4	3、4	3、4	3	3、4
0.18	2	4	3	4	4	4	3、4	4
0.17	2	4	3	4	4、5	4	4	4
0.16	2	4	3、4	4	5	4	4、5	4
0.15	2	4	4、6	4	5	4	5	4
0.14	2	4	6	4	5	4、5	5	4
0.13	2	4	6	4	5	5、7	5	4、7
0.12	2	4	6	4、8	5	7	5、7	7
0.11	2	4	6	8	5	7	7	7、8
0.10	2	4	6	8	5、10	7	7	8、11
0.09	2	4	6	8	10	7	7	11
0.08	2	4	6	8	10	7、12	7	11、16
0.00~0.07	2	4	6	8	10	12	14	16

当感兴趣的特征取决于是否持续、非负测量值是否超过阈值（C）时，那么遇到的主要困难是：一个阳性混合（浓度水平高于 C/k 的混合）并不一定意味着一个或更多的组成单元呈阳性。这时选择 k 值时不仅要考虑特征的稀有性，还要考虑检出限以及检出限与阈值（C）的关系。k 必须小于 C/DL（DL 为检出限）。在这种情况下，很难确定相应的成本，因为它不仅取决于 k 值、性状的稀有性，而且还取决于参数的时空分布情况（表 7-12 给出的最佳 k 值不包括这种情况）。

对于第二种情况，如果测试结果无法立即获得，一个简单的方法是将混合样品的测试结果与阈值 C/k 比较，并对任何一个显阳性的混合样品中所有的单元进行复测。如果测试结果可以迅速提供，可以使用延伸复测或简化的延伸复测计划。

这种做法类似于简化的二元性状的复测计划（见表 7-12）；该方法强烈依赖于测量误差最小的假设。如果用 Y 表示混合样品的测量结果，用 X_j 表示个别单元的结果，其中 $j=1,2,\cdots,k$。那么，如果 $kY>C$，则该混合样品就被称为阳性样品。注意，kY 的期望值等于 X 的总和（因为 Y 是物理混合的平均值）。因此，如果 $kY<C$，则所有的 X 都小于 C，没有必要进一步测试该混合样品中的个别单元。否则，继续按顺序测试，直到：

$kY-X_1<C$（这意味着 X_2，X_3，…，X_k 均小于 C）；

$kY-X_1-X_2<C$（这意味着 X_3，X_4，…，X_k 均小于 C）；

$kY-X_1-X_2-X_3<C$（这意味着 X_4，X_5，…，X_k 均小于 C）；

$kY-X_1-X_2-\cdots-X_{k-1}<C$（这意味着 X_k 小于 C）。

实际上继续测试第 k 个样品是不必要的，因为每个混合样品最多由 k 个子样组成。

7.6.3.5 二元特征混合采样设计与其他采样设计的关系

一般当试图给单元分类时，感兴趣的总是一个有限的总体和一套监测数据，即使使用随机采样或网格采样，则推论也仅限于被选定的这套采样单元。

如果有足够多的信息，可以使用专业判断来形成混合样本。因为监测的目标时对所有的单元进行分类，而不是由一个样本的结果推论到总体。因此，如果事先知道哪些单元更可能具有感兴趣的特征，哪些单元更相似（与简单随机选择对照），并相信这些单元的混合比随机分组更有效（如果该信息是正确的），那么这时可以使用分层或排序组合采样，这样与简单的随机采样相比会产生较少的阳性混合样本，只需要较少的复测。

7.6.4 识别最高值单元的混合采样和复测计划

如果监测或调查的目标是确定一个有限的总体中具有最高水平的单元，那么可能要检测所有的单元。然而在某些情况下，用混合采样与复测一个或多个具有最高值的混合样品中的某些单元项结合的办法，也可以识别最高水平的单元，并能够显著地降低成本。类似的组合采样及复测方案也可用于识别具有第二高值、第三高值的单元。如确定总体百分位数的上限。

7.6.4.1 最高值单元的混合采样和复测计划的适用范围

当具有以下条件时，一般适合使用混合采样和复测计划来识别具有最高水平的单元。

（1）有一组要进行评估的预定义的单元。

（2）与相关的费用相比测量成本相对较高。否则，混合采样和复测计划不具有成本效益。

（3）由个别单元可以获得具有代表性的等分试样。

（4）形成适当的混合等分试样没有任何实际困难。

（5）混合不会影响样品的完整性。

（6）可以进行单元的复测。能够保持单元的标识和特征，在整个潜在的测试和复测阶段，样品能够得到妥善保管。

（7）相对于测量值 X 的浓度范围，测量误差必须是微不足道的。因为需要根据测量结果给个别单元或给定容量的混合样品适当排序。

（8）测量结果可以迅速获得。否则，复测计划难以实现。

7.6.4.2 最高值单元的混合采样和复测计划的优势

减少了样品测量数量，可以大大降低成本。

7.6.4.3 最高值单元的混合采样和复测计划的限制

主要的限制见 7.6.4.1 节的条件（3）~条件（8）。特别要注意条件（7），假设测量误差可以忽略不计。

7.6.4.4　最高值单元的混合采样和复测计划的设计方法

下面介绍一些利用混合采样和复测计划来识别最高值单元的方法。

（1）Casey 等提出了一种简单的预测最高值的方法，其中最高值的寻找仅限于具有最高值的混合样品。最简单的办法是仅仅复测那些组成最高水平混合样品的单元；显然这种方法不能完全保证找到的单元具有最高水平。

（2）Gore 和 Patil 提出了一个扫描识别具有最高值单元的方法。这个方法基于一种观点，即如果一个混合样品的测量值明显高于下一个最高水平的混合样品，那么就可以肯定（除了可能的测量误差之外），具有最高水平的单元一定会包含在这个混合样品中。因此如果测量误差可以忽略不计的话，复测这个混合样品中的个别样品，肯定会找到具有最高值的单元。然而，如果两个混合样品的测量值“差距”不“足够”大，那么还需要复测组成其他一些混合样品中的个别样品。该算法基于这样一个事实：假设 Y 是由 k 个单元组成的混合样品的测量值，其中最高的个别值必然属于区间［Y，kY］，因为最大值总是比平均值 Y 大，而比总和 kY 值小（此属性假设不涉及任何测量误差）。这时，如果单独测量具有最大值 Y 的混合样品中的每个单元，就会发现最大值 Z，然后将该混合样品的测量结果与其他每个混合样品比较，以确定它们是否包含最大值的单元：只有 $kY>Z$ 的混合样品才可能包含具有最大值的单元，因此只有这些混合样品中的单元才需要进一步测试。

（3）延伸的扫描识别法，可以识别百分位数的上限。

7.6.4.5　最高值单元的混合采样和复测计划与其他采样设计的关系

对于一个有限总体，如果感兴趣的参数是“样本”本身，则网格采样可能是一个统计调查的好方法。但如果感兴趣的参数限于具有最高值的“样本”，而且不需要做出超越样本的统计推断时，通常使用混合采样。

7.6.5　计算混合采样的成本和方差的模型——用于估计平均值的混合采样

表 7-16 分两种情况列出了数据收集的成本分量和构成测量值方差的分量：第一种情况是用无混合采样的随机采样（或网格采样）估计平均值；第二种情况是用有混合采样的随机采样（或网格采样）估计平均值。表 7-16 的上半部分为典型的成本分量。在第一种情况下，假定 n 个样品被单独测量，而在第二种情况下，假定 $n=km$ 个样品被选中，其中 m 个混合样品被测量（每 k 个样品组成一个混合样）。如表 7-16 所示，数据收集的总成本除了考虑固定设施成本外，还要考虑其他 3 个分量的成本。

表 7-16 的下半部分分两种情况定义了所有测量值平均方差的构成分量，并给出了各方差分量和估计总体平均方差的计算公式。在后一种情况中有关的分量包括：①区域或程序固有的变异；②与样品采集和处理有关的变异；③与混合过程有关的变异；④与测量过程有关的变异。在大多数情况下，不能单独估计①和②，因此被作为一个分量处理。

表 7-16　采样的成本和方差的分量

分量		无混合采样的随机采样（或网格采样）	有混合采样的随机采样（或网格采样）
成本	固定设施成本	C_0	C_0
	每个单元的采样成本	C_S	C_S
	每个样品的混合成本	0	C_C
	每个样品的分析成本	C_M	C_M
	合计	$C_0+nC_S+nC_M$	$C_0+nC_S+mC_C+mC_M$
测量值的方差	内在方差*	V_I	V_I
	每个混合样品的混合变异	0	V_C（$=f_C V_I$）**
	每个单元的测量变异	V_M	V_M
	一个观测值的总方差	$2V_I+V_M$	$V_M+V_I(1+f_C)/k$
	所有测量值的平均方差	$(2V_I+V_M)/n$	$\{V_M+V_I(1+f_C)/k\}/m=V_M/m+V_I(1+f_C)/n$ $=\{kV_M+V_I(1+f_C)\}/n$

注：式中，n 为样品总数；m 为混合样品的数；k 为组成混合样品的数。

* 包括与采集和处理样品有关的变异。

** 该分量一般很小，它被认为与 V_I 成正比，其理由为：如果组成混合样品的个别样品基本上具有相同的浓度 X（V_I 很小），那么由于混合过程中没有从每个样品中准确地抽取相等的份额，或者由于没能将其充分匀质化，导致混合样品的测量值 X 出现相对较小的误差；另一方面，如果混合样品中个别样品的差异很大（V_I 很大）时，各种程序缺陷将会导致更大的误差。因此，为了将与混合活动有关的变异计算在内，将内在的变异 V_I 乘以一个系数 f_C。

如果混合成本（C_C）可以忽略不计，由混合而下面引入的额外方差（V_C）也可以忽略不计，那么最佳 k 值可按公式（7-29）计算：

$$k=\sqrt{\frac{V_I-C_M}{V_M-C_S}} \tag{7-29}$$

式中，V_I 为与总体内在变异有关的方差加上采集和处理样品引入的方差；V_M 为与分析测量有关的方差；C_S 为与采集和处理个别样品有关的单位成本；C_M 为与分析测量有关的单位成本。

混合成本或由于混合而引入的方差较大不容忽视时很难确定最佳 k 值，因为 k 值的大小依赖于这些要素。然而，表 7-16 中的公式允许计算任何 k 和 n 组合的成本和方差。

如果实际操作中最佳 k 值过大，通常使用最大的实际 K 值。另外，为了保证估计的平均值具有足够的精密度，测试的样品数（m 值）必须足够大，所以也可能需要使用较小的 k 值。工作中总是期望利用“最佳”k 值来获得更准确的估计值，但可能无法获得好的精密度（在很多情况下，需要好的精密度）。7.6.1 节框图 7-1 给出的例子，说明如何使用表 7-16 中提供的信息。在假设 C_C 和 V_C 可以忽略不计的条件下，比较了混合采样与简单随机采样的成本和精密度。相对成本（RC）按式（7-30）计算，该公式根据表 7-16 中的总成本导出。

$$RC=\frac{C_0+nC_S\left[1+\dfrac{C_M}{kC_S}\right]}{C_0+nC_S\left[1+\dfrac{C_M}{C_S}\right]} \tag{7-30}$$

如果忽略不计固定设施的成本（见框图 7-1），公式（7-30）简化为 k 与比率 C_M/C_S 的函数，即：$RC=\dfrac{1+\dfrac{C_M}{kC_S}}{1+\dfrac{C_M}{C_S}}$。

框图 7-1 中给出的精密度数据由表 7-16 中最后一行导出；假设 $f_C=0$，经过换算，则混合采样与无混合的简单随机采样的相对方差（RV）按式（7-31）计算：

$$RV=\frac{1+k\dfrac{V_M}{V_I}}{1+\dfrac{V_M}{V_I}} \tag{7-31}$$

7.6.6 混合采样估计总体比例的计算公式

假设一个很大的几乎是无限的总体，在其中随机选择 n 个单元。并假设每个混合样品有 k 个单元随机组成，共形成 $m=n/k$ 个混合样品。p^* 表示混合样品试验呈阳性的概率；p 表示个别单元试验阳性的概率。由于混合样品试验阴性的概率与所有 k 个单元试验阴性的概率相同，则有：

$$1-p^*=(1-p)^k \text{ 或 } p^*=1-(1-p)^k \tag{7-32}$$

$$p=1-(1-p^*)^{1/k} \tag{7-33}$$

式（7-33）提供了一个估计 p 值的简单方法：如果发现 m 个混合样品中有 x 个样品呈阳性，则在公式中用 x/m 代替的 p^* 就可以得到估计值 p，该估计值不是一个无偏估计值，而是一个可能性最大的估计值。

由于试验阳性的混合样品的数量对于参数 m 和 p^* 具有二项分布的特征，可以使用二项式置信限来获得与 p 对应的置信限。如果分类错误率是不容忽视的，而且是已知的，那么可用式（7-34）替代式（7-33）中的 p^*：

$$\frac{\dfrac{x}{m}-\alpha}{1-\alpha-\beta} \tag{7-34}$$

式中，α 和 β 分别为错误拒绝误判限（显著性水平）和错误接受误判限。

第8章　环境监测站网设计和优化方法

较大的环境监测项目经常要设计网状站点，即监测站网。站网的设计和优化是环境监测采样设计中重要的内容。监测站网设计与优化的基本目的是：对区域内重要位置进行测量，以评估环境参数在区域内的特征值（平均值、极值、方差等），或用插值方法获得站点之间其他区域的参数值（空间分布图）。监测站网设计有如下两方面的含义。

（1）希望站网在现有的技术能力和经费水平下，能确定目标总体中环境参数的特征资料，实用并使站网具备足够的精度或置信水平。实用就是通过监测得到环境数据并进行分析而得到的环境信息，应该与环境监测目标所需要的信息一致。足够就是要满足某一项特定决策对环境资料的数量和质量的要求。

（2）站网在精度或置信水平要求已确定的情况下，成本最低。一个监测站网的站点密度、位置分布和监测的时间，取决于环境参数在空间上和时间上的变化情况。分布合理、密度适中的监测站网，可保证所监测的环境参数在所有地点的内插值都具有足够的精度。如果站点太稀就达不到所要求的精度或置信水平，从而导致分析失真、判断失误以及分析不准等不良后果。站网过密，又会造成监测资源的浪费，甚至产生信息冗余。

一个监测站网往往可能要实现多个监测目标，设计研究工作量大，计算繁重，牵涉面广，其理论至今还远远没有完善。监测站网通常应在样本精度或置信水平和费用之间达到较好的平衡。应该注意，在站网设计和优化中，应用专业知识进行判断是很重要的。一个站网一般难以对所有监测目标均达到最优，往往要进行折中取舍。本部分简要介绍几种站网设计方法。

8.1　面向环境“热点”的站网设计

当进行环境分析时，往往关心环境某些特征（“热点”）的分布情况。为了发现和确定环境“热点”，一般要进行网格设计，依据网格的形状和误漏概率得到站点数目。设计方法可采用第7章7.3节介绍的系统/网格采样法。

8.1.1　面向环境“热点”的站网设计适用范围

适用于发现环境空间中关注的环境“热点”区域的监测站网设计，“热点”可理解为被污染、生态关注区域、环境稀有特征等。

8.1.2 面向环境“热点”的站网设计优势

通过覆盖整个目标环境空间的站网，在一定错漏概率下能够发现区域内的环境“热点”区域，通过模型处理，能够估计“热点”的大小和形状。

8.1.3 面向环境“热点”的站网设计限制

假定环境目标总体是完全未知，站点需要覆盖整个待测环境空间，成本较高。比站点网格小的环境“热点”区域，有可能不被发现，即存在错漏风险。

8.1.4 面向环境“热点”的站网设计方法

假定“热点”是圆形或椭圆形，采样站点网格是正方形、矩形或三角形。“热点”定义清晰，无分类误差。找到“热点”的概率取决于热点大小和形状、站点网格大小和形状以及“热点”大小与站点网格的空间关系。站网设计需要协调“热点”大小（椭圆长轴半径 L 或圆半径 R)、形状、可接受错漏“热点”概率（K）和站点网格模式［包括几何形状和栅格单元大小（G)］之间的关系。

当采用正方形网格时，“热点”相关样本（站点）大小 n 为：

$$n = S/G^2 \tag{8-1}$$

式中，S 为采样区域面积；G 是正方形栅格边长。

当采用三角形网格时（边长为 G)：

$$n = S/(0.886G^2) \tag{8-2}$$

当采用长方形网格时（短边长为 G，长边长为 $2G$)：

$$n = S/(2G^2) \tag{8-3}$$

考虑错漏“热点”概率（K)、“热点形态”、站网模式，可采用美国 EPA DEFT 和 Visual Sample Plan 软件计算，表 8-1 为 Lawrence H. keith 计算的部分结果。

表 8-1 站点数目与“热点”形态、错漏概率之间关系

错漏“热点”的概率（%）	假定热点形状	站点栅格大小（边长）	每 100 个平方单位样点数目
10	圆	2.08	27
20	圆	2.13	25
40	圆	2.44	19
60	圆	3.13	12

续表

错漏"热点"的概率（%）	假定热点形状	站点栅格大小（边长）	每 100 个平方单位样点数目
10	椭圆	1.64	42
20	椭圆	1.72	38
40	椭圆	2.08	27
60	椭圆	2.44	19
10	长椭圆	1.28	69
20	长椭圆	1.43	56
40	长椭圆	1.69	40
60	长椭圆	2.04	28

注：①假定站点为三角形栅格；②可以使用任何距离单位；③引自《环境统计学与 MATLAB 应用》（聂庆华，Keith C. Clarke 编著，2010 年 1 月第一版）第 89 页。

8.1.5　面向环境"热点"的站网设计与其他站网设计方法的关系

面向环境"热点"的站网设计方法可以独立设计监测站网，但如果用于环境监测，已有大量监测资料情况下，结合其他设计方法可以调减站点数量。例如，在海洋环境中，一般近岸海域和海洋工程附近（如海上油田）容易出现难以预期的环境"热点"，而在距离海岸较远海域，出现预期之外的环境"热点"概率会较低，这时结合其他设计方法调整站网是合适的。

发现"热点"时，结合自适应群集（簇）采样法（第 7 章 7.5 节），可以更精确地描述"热点"分布范围。

8.2　地统计（Kriging）法

环境监测中经常遇到环境参数在空间或时间上的自相关，在采样设计中就不能简单地使用随机采样方法，必须妥善地考虑空间模型的连续性，应尽量将空间/时间关系引起的偏离减到最小，从而产生合理的平均估计值。另外，由于变量的空间变异性，参数值还随测量尺度和形状而变化。

Kriging 误差的方差是评价样本质量的较好指标，而 Kriging 误差方差是由变量的空间变异结构（协方差或变异函数）和样本位置的分布形式来决定的，而与样本实测值无关，这一特征可用来制定采样站网。通过采用地统计学（Kriging 方法），将参数的空间变异性和各相异性与样本的尺度和形状联系起来，可获得一个优化的采样站网。

如果已经知道了所要采样的参数的空间变异结构，在进行采样之前，就可以决定采样站点的数量和位置以达到估计误差的方差最小。但一般面对的是一个两难的境地，即站网设计依赖于变异函数，而变异函数通常只有在采样以后获得信息才知道。这时，如果没有所要采样的参数的空间变异结构的信息，可以从文献中找到一些相似参数的变异函数信息，或采用相似区域或者进行预采样获得参数的初步变异函数信息，做出一个初步设计，采集一定资料，获得比较准确的变异结构后，再按地质统计学方法进一步修改采样方案，补采更多的样本点。

8.2.1 Kriging 法的适用范围

Kriging 法站网设计和优化适用于具有空间自相关的环境参数采样站网设计。一般流体介质（水、大气）中的一些化学参数在空间分布连续性较好，空间自相关性较强，可选用 Kriging 法。Kriging 方法比较适合于固定站网设计，当计划采用 Kriging 方法处理监测数据时（空间分布），应采用 Kriging 法作为站网设计的方法之一。

8.2.2 Kriging 法的优势

与其他站网设计方法相比，Kriging 法可同时获得最佳站点间距和最佳站点位置。

Kriging 插值误差的方差可以作为评价监测站网质量的一个标准。一个最优的监测站网得到的 Kriging 插值误差的方差应当是最小的。Kriging 插值法的特点是：计算插值误差的方差只与监测站点的个数和位置（站网密度）、空间相关结构（方差函数）有关，而与实测值无关。利用这一特点可以预先设计监测站网，无论是新设站网还是已有站网的优化。

如果变异函数是已知的，就可用它来设计采样站点。应用变异函数进行的第一类估计是决定样本位置间的最佳距离，通过在各种可能的样本距离和布置的不同组合下，计算 Kriging 法估计方差来达到这一目的。由于估计方差只依赖于变异函数以及设计的采样位置与未采样位置之间的距离，所以估计方差即使在采样位置上还没有测量值的情况下也可以进行计算。应用变异函数进行的第二类估计是决定在每一个采样位置上为取得合成样本所需的最佳样本位置的小范围内采集的混合样本以及分析这些样本，可能会大大地减少估计误差。

联合使用监测网与 Kriging 空间插值法可以使获得环境信息的费用降到最低。

8.2.3 Kriging 法的限制

Kriging 采样设计方法考虑了变量的空间自相关性，并基于本征假设。但变量也同时具有随机性，以及空间变异上的各向异性，使得一些参数还随着测量的尺度和空间的方向而变化，往往难以严格满足 Kriging 方法的假设。如海岸线的长度随测量尺度变小而增加，存在"尺度提升"。样本的方差与样本尺度的大小和采集样本的范围的大小有关，如果在固定的采样范围内，样本的方差随样本尺度的增大而减小，很显然，如果样本尺度与研究范围一样大，方差应为 0。在样本尺度一定的情况下，随着采样范围的增大，样本方差也随着增大。

此外，用 Kriging 方法设计采样方案存在的一个两难境地是，采样方案的设计依赖于变异函数，而变异函数通常只有采样以后才知道。一般要采用两种折中的方法来解决这一两难问题：第一种方法是使用要研究的环境性质的关于变异函数变程的一些已有信息，这些信息可能来自邻近研究过的区域资料或文献种类似研究的报道，一旦有了变程的估计值，就可用来布置样本间的大致距离；第二种方法是在不能获得变异函数的任何信息的情况下，有必要在研究区域沿着几条直线进行一个初步的预采样，采集部分样本，根据这些样本获取变异函数的初步信息，然后用这些信息修改采样方案。

8.2.4　Kriging 设计方法*

用 Kriging 法设计监测站网的方法有两类：①站网密度图优化法；②模拟方法。站网密度图优化法是使全局误差最小，或用于多参数情况下的站点数目确定。在事先给定最大允许的插值误差的条件下，模拟方法试图确定最小的观测点数和最佳位置，具体办法可以用试误调整法，或用系统分析法。Kriging 插值方法有很多专著可参考，一些软件（如 ArcGIS）可进行 Kriging 插值、变异函数、误差估计等计算。

8.2.4.1　监测站网密度图优化法

监测站网应能提供总体中参数的空间分布。在有的情况下，监测目标只关注监测网的全局精度，不关心每个点的插值误差。因此，可以用监测区 Kriging 插值误差的平均值作为评价监测网整体精度的标准。Kriging 插值误差的均方差的平均值可用下式计算：

$$\bar{s} = \frac{1}{m}\sum_{i=1}^{m}[\mathrm{Var}(Z_{0j}^{*} - Z_{0j})]^{1/2} \tag{8-4}$$

给定系统监测网格式（矩形、三角形、六边形等分布），观测点与插值点的位置是已知的，Kriging 插值误差均方差的平均值是监测点密度（个数）的函数。可以绘制插值误差均方差的平均随监测点个数变化的曲线，称之为监测网密度图。插值误差均方差的平均值随监测点个数的增加而降低。给定要求的插值精度，可以从监测网密度图直接读取所需的监测点个数。监测网密度图提供了确定监测站个数的简单易行的方法。

图 8-1 是一个监测站网密度示意图。折中方法通常使用正方形、三角形或六角形等规则网格设计站点，最有效的采样方案是将样本位置布置在每个网格的中心，这些网格的样本间隔应小于变异函数变程的 1/2。

---

* 本节主要根据《地下水监测信息系统模型及可持续开发》（周仰效，2011）中地统计法站点设计方法内容整理。

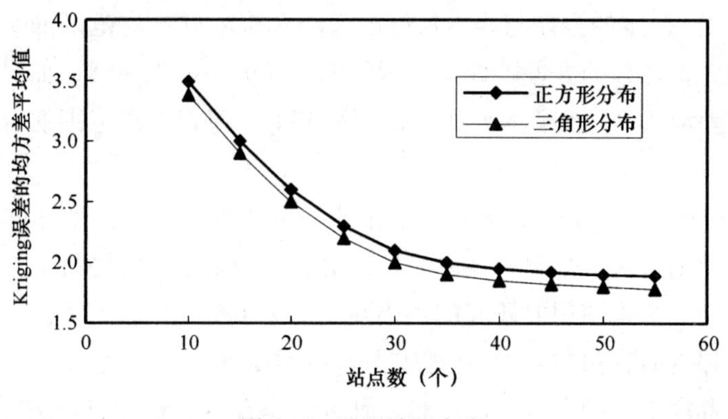

图 8-1　监测站网密度

8.2.4.2　模拟法

模拟方法试图在满足事先给定的插值误差均方差临界值的前提下设计最低的监测网密度。基本思路是：在计算的插值误差标准差高于临界值的区域，增加新的监测点；而在计算的插值误差标准差低于临界值的区域，去除多余的监测点，直至全区计算的插值误差标准逼近临界值，这时设计的监测网为最优的监测网。

具体操作程序如图 8-2。

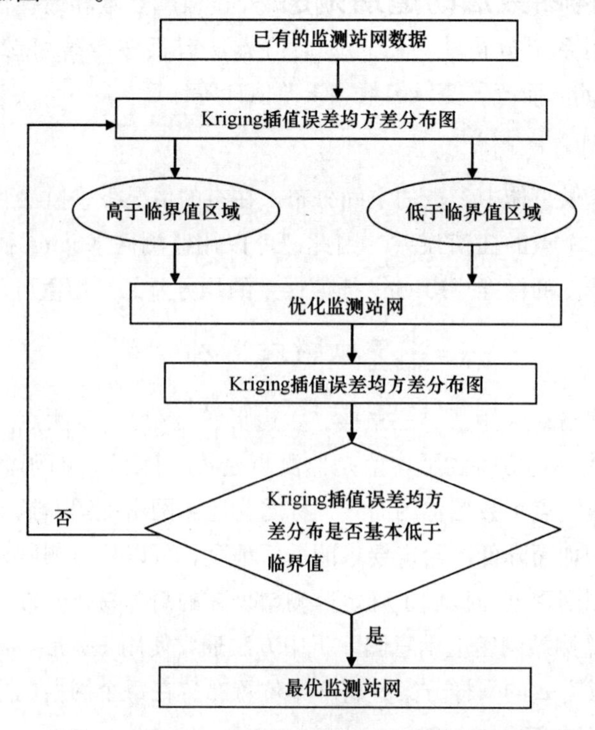

图 8-2　用 Kriging 模拟方法设计监测站网的流程

注意，变异函数对于模拟环境参数的空间结构是一种有用的工具，同时对用 Kriging

法进行精确插值也很重要。在采样设计中，应加入一些近距离的采样位置，这能帮助在小分离距离上更好地定义变异函数的形状，以便精确估计变异函数。

8.2.5　Kriging 法设计与其他站网设计方法的关系

Kriging 模拟方法可以独立设计监测站网，但同样需要专业判断，与随机采样、系统（网格）采样等方法结合起来效果更好。而站网密度图法只是确定站点数量，需要与其他方法结合起来确定站点位置。实际上，站网密度图法就是在考虑了空间自相关基础上的随机采样法。

8.3　空间结构函数法

合理分布的站点网应当使站点尽可能的稀少，并且根据这些站点所测到的数值能够内插到任何中间地点，而且内插值要达到一定的精度。空间结构函数法利用环境参数的空间分布，通过结构函数和内插标准误差的计算，得到站点间的合适距离。

8.3.1　空间结构函数法的适用范围

空间结构函数方法可用于站网的优化和已有足够监测资料的区域新站网设置，并且获取站点数据是为了描述参数在整个区域的分布，并且假设监测的参数在空间上具有均匀性和各向同性。在固定站网设计（基于模型的采样）中，应考虑空间结构函数法作为设计方法之一。

8.3.2　空间结构函数法的优势

空间结构函数方法简单实用，并且通过处理能得到测量随机标准误差，是描述该参数场统计结构的较好特征，得到的结果比较稳定。结构函数法能够给出区域内站点的平均“作用半径”，可以作为描述站网密度的定量指标。

8.3.3　空间结构函数法的限制

空间结构函数法同样存在诸多限制。

（1）结构函数的计算需要有区域该参数固定站点的长时间大量测量资料，这往往限制了它的使用。并且，结构函数是在参数随机场的基础上统计而得的特征函数值，但实际上这些函数值都是通过处理有限样本获得的，结果往往会有偏差。

（2）空间结构函数法只是获得最小站点间距，不能得到最优的站点位置，必须结合其他方法才能完成站网设计。

（3）空间结构函数法假设参数具有空间均匀性和各向同性，这在实际环境中往往难以满足。

（4）实际站点的合理距离需要折中。对于每一个参数来说，其数值可能的分布距离（站点的“作用半径”）是不一致的，站网的设计应当针对每个参数解决。但精确地实现这一原则势必导致站网构造的复杂，不可能根据不同参数的可能分布距离设计出间距各异的许多站网。但实际监测中往往是一站多能，需要一个站点同时监测多种参数，各种参数需要的合理站点距离的可能千差万别。“合理间距”是随地区、参数、季节而变化的，使得在实际设计中需要进行折中。一种较好的解决办法是按其大小序列分成若干等级，将可能分布距离比较接近的参数归组并类，以设计具有不同监测范围的若干类型或等级的站网。在设计某区域某类站网的合理间距时，首先必须对该类各主要参数的分布特征分别进行研究，其次是摸清各参数时空变化的季节差异。然后在此基础上分别估算出各参数各季节的“合理间距”，以便将得到的一系列结果综合平衡，并结合当地的具体情况，制定出比较合理、切实可行的站点间距方案。

8.3.4 空间结构函数法的设计方法*

8.3.4.1 空间结构函数

结构函数表征变量在空间不同点间的离散程度。下面的公式中用“—”来表示平均值。$f'(A)$、$D_f(A)$、$S_f(A, B)$ 分别表示参数 f 在平面上 A 点与其平均值的偏差（距平）、方差以及 A 点和 B 点的协方差函数。

$$f'(A) = f(A) - \overline{f(A)} \tag{8-5}$$

$$D_f(A) = \overline{f'^2(A)} \tag{8-6}$$

$$S_f(A, B) = \overline{f'A \cdot f'B} \tag{8-7}$$

参数 f 在 A、B 两点间的结构函数为：

$$b_f(A, B) = \overline{[f'(A) - f'(B)]^2} \tag{8-8}$$

该函数表示不同点之间参数序列差异的离散程度。任一参数的结构函数是描述该参数场统计结构最合适的特征值之一。可导出结构函数与协方差函数的关系式：

$$b_f(A, B) = D_f(A) + D_f(B) - 2m_f(A, B) \tag{8-9}$$

可见，参数 f 在 A、B 两点间的结构函数主要取决于参数在 A、B 两点各自的时间变化幅度及两点间的相关性。

区域结构函数的计算方法为：

（1）计算区域内每对站点的结构函数。

---

* 本节主要根据《气象台站网合理分布概论》（杨贤为，1989）中结构函数法内容整理。

（2）计算每对站点相应的距离。如果区域内有 m 个站点，则总共可得到 m（m-1）/2 个结构函数值和相应的距离 l。

$$l = 2\pi r \times \frac{\arccos[\cos w_A \times \cos w_B \times \cos(j_A - j_B) + \sin w_A \times \sin w_B]}{360°} \quad (8\text{-}10)$$

式中，l 为 A、B 两点间的距离；w_A、w_B 和 j_A、j_B 分别为 A、B 两点的纬度和经度；r 为地球的平均半径长度，r=6 371.229 km。

（3）将 b_f 对 l 线性回归，得到结构函数对于距离的回归曲线函数 b_f（l），可表示该区域内结构函数与距离的关系。

8.3.4.2　测量随机误差的估算

测量中总是存在着系统误差和随机误差两部分，但使用偏差来计算结构函数等各特征量时，系统误差可被消除，只留下随机误差。假设区域内的结构函数满足均匀性和各向同性的条件且各点的测量随机误差相等，若 A、B 两点间的距离为 l，则有：

$$b'_f(A,\ B) = b_f(A,\ B) + 2\sigma_f^2 \quad (8\text{-}11)$$

式中，b'_f（A，B）表示实际测量资料计算得到的结构函数，σ_f^2 为测量随机标准误差。当 l=0 时，有 b_f（0）=0，所以：

$$\sigma_f^2 = \frac{1}{2}b'_f(0) \quad (8\text{-}12)$$

只要把实际测量资料计算出的结构函数曲线外推到 0 距离（截距）处，即可获得测量随机标准误差的估计值。

8.3.4.3　内插标准误差与结构函数的关系

在两站点间直线内插标准误差可以表示为：

$$E = b_f\left(\frac{l}{2}\right) - \frac{1}{4}b_f(l) + \frac{1}{2}\sigma_f^2 \quad (8\text{-}13)$$

由式（8-11）、式（8-12）得，

$$E = b'_f\left(\frac{l}{2}\right) - \frac{1}{4}b'_f(l) - \frac{1}{2}b'_f(0) \quad (8\text{-}14)$$

平面内插除了直线内插外，还有多种，如三角形内插、正方形内插。如果站点按照正三角形排列，对边长为 l 的正三角形的中心进行内插，其内插标准误差与实测资料的结构函数关系可表示为：

$$E = b'_f\left(\frac{l}{\sqrt{3}}\right) - \frac{1}{3}b'_f(l) - \frac{1}{2}b'_f(0) \quad (8\text{-}15)$$

如果站点按照正方形排列，对边长为 l 的正方形的中心进行内插，其内插标准误差与实测资料的结构函数关系可表示为：

$$E = b'_f\left(\frac{l}{\sqrt{2}}\right) - \frac{1}{4}b'_f(l) - \frac{1}{8}b'_f(l\sqrt{2}) - \frac{1}{2}b'_f(0) \quad (8\text{-}16)$$

根据式（8-14）、式（8-15）、式（8-16），就可以利用实测资料计算出某个区域范

围内不同站距下的 E 和$\sqrt{E}$，同时还能绘制出相应的关系曲线图。由此便能推算不同站网密度（间距）的线性内插误差，也可以根据不同的内插精度要求来设计新站网的密度。

8.3.4.4　内插误差与距离的关系

结构函数的各回归方程为一次或二次多项式回归方程，将其方程表示为：

$$b'_f = a + bl + cl^2 \tag{8-17}$$

其中，a、b、c 为各回归方程的回归系数。将式（8-17）代入式（8-14）~式（8-16），便可以得到以下各式，它们直接给出了内插标准误差与距离的关系：

线段中点内插：

$$E = \frac{1}{4}a + \frac{1}{4}bl \tag{8-18}$$

正三角形中心内插：

$$E = \frac{1}{6}a + \left(\frac{1}{\sqrt{3}} - \frac{1}{3}\right)bl \tag{8-19}$$

正方角形中心内插：

$$E = \frac{1}{8}a + \frac{3 - \sqrt{2}}{4\sqrt{2}}bl \tag{8-20}$$

3 种内插方案的内插标准误差与距离的关系亦为线性关系。

8.3.4.5　最大容许误差及最佳站间距的确定

在某个区域对不同的参数均能求出各自的内插标准误差。不过这些内插误差在不同的季节里寻找出一个共同的最大容许误差 E，并由此来确定各季节都通用的最大容许间距 l，则是比较困难的。可采用线性内插标准误差不应超过观测随机误差的原则。也就是说，最大容许误差 E 是通过式（8-13）右边前两项的数值不超过观测随机误差 σ_f^2 来确定的。

从式（8-13）可看出，其右边前两项是表示由内插造成的误差量，最后一项则为观测误差所引起的偏高量。为达到上述的条件，应满足下列关系式：

$$b_f\left(\frac{l}{2}\right) - \frac{1}{4}b_f(l) \leqslant \sigma_f^2 \tag{8-21}$$

将上式结果代入式（8-13），得：

$$E \leqslant \sigma_f^2 + \frac{1}{2}\sigma_f^2 = \frac{3}{2}\sigma_f^2 \tag{8-22}$$

采用这一方法算得的 E 值（当 $E_k = \frac{3}{2}\sigma_f^2$ 时），可作为最大容许误差的标准，然后在 E 与 L 的关系曲线上便能找到对应于这一标准 E 值的站间距离。

对于某个参数来说，各月都应满足 $E_k \leqslant \frac{3}{2}\sigma_f^2$ 的条件。也就是说，在这一间距下，可保证所有的季节里由“内插”造成的误差都不超过应“观测”而造成的误差。因此这一标准的站距可作为确定站网合理间距的依据。

结合式（8-17）~式（8-20），可以得到最大容许误差及最大容许距离。

最大容许误差：

$$E_{\max} = \frac{3}{4}a \tag{8-23}$$

线性中点内插最大容许距离：

$$l_{\max} = \frac{2a}{b} \tag{8-24}$$

正三角形中心内插最大容许距离：

$$l_{\max} = \frac{7\sqrt{3}a}{4(3-\sqrt{3})b} \tag{8-25}$$

正方形中心内插最大容许距离：

$$l_{\max} = \frac{5a}{(3\sqrt{2}-2)b} \tag{8-26}$$

由以上各式，便可计算最大容许误差和最大容许距离。

8.3.5　空间结构函数法与其他站网设计方法的关系

空间结构函数法只能给出站网的合理间距，但没有给出具体站点的优化位置，需要同其他设计方法结合起来使用。

8.4　相关函数法

空间两个点上环境参数观测值的统计关系往往可以用这两点间的相关函数表示。当相关函数在一定范围内均匀分布和各向同性时，相关函数仅为站间距离的函数，这种函数的形式取决于所考虑区域的特征以及参数的时空演变规律。

8.4.1　相关函数法的适用范围

相关函数法适用于目标总体内环境参数符合均匀性和各向同性的情况，并且需要较长时间序列的资料积累。

8.4.2　相关函数法的优势

相关函数法是在标准化偏差的基础上展开演算的，在环境参数的方差场具有明显差异的地区，采用相关函数法来进行站网设计比结构函数法更合适。

8.4.3 相关函数法的限制

相关函数法同样存在诸多限制。

（1）相关函数的计算需要有区域该参数的长时间的大量测量资料，并且样本是有限的，这往往限制了它的使用。不过在监测站网的持续优化中，还是很有参考价值。

（2）相关函数法不能获得最优的空间站点位置，必须结合其他方法才能完成站网设计。

（3）相关函数法需要目标总体内环境参数符合均匀性和各向同性，这在实际环境中往往难以严格满足。

（4）实际站点往往需要监测多个参数，需要折中取舍，不能对每个参数均实现最优站网密度。

8.4.4 相关函数法的设计方法*

8.4.4.1 相关函数的定义

设任一空间点 A 的环境参数 f（A）与其平均值的偏差为 f'（A），令

$$D_f(A)=\overline{f'^2(A)} \tag{8-27}$$

D_f（A）称为参数 f 在 A 点的方差，$\sqrt{D_f(A)}$ 叫作均方差。同样，另一空间点 B 的偏差、方差和均方差分别为 f'（B）、D_f（B）和 $\sqrt{D_f(B)}$。

A、B 两点之间的相关函数 r_f（A，B）由下式给出：

$$r_f(A,\ B)=\frac{\overline{f'(A)f'(B)}}{\sqrt{D_f(A)D_f(B)}} \tag{8-28}$$

8.4.4.2 区域相关函数的计算方法

若能确定相关函数在目标区域内符合均匀性和各向同性的条件，则相关函数仅为距离的函数。当 A、B 的距离为 d 时，可写成：

$$r_f(A,\ B)=r_f(d) \tag{8-29}$$

为了得到整个研究区域的相关函数分布值，首先根据式（8-28）算得每对站点之间的相关函数，如区域内共有 n 个站，则可得到一个 n 阶且主对角线元素为 1 的对称矩阵。由于 r_f（A，B）$=r_f$（B，A），只需计算出主对角线以上或以下的元素值就可以了。接着，根据各站的坐标计算出每对站的间距，这样也得到一个 n 阶但主对角线元素为零的对称矩阵，将该矩阵中所有的间距值由近至远划为不同范围等级。同样，相应的相关函数值也按

---

* 本节根据《气象台站网合理分布概论》（杨贤为，北京：气象出版社，第 16 页~第 18 页。1989）中相关函数法内容整理。

距离的级别分组。根据每个等级的间距与相应的相关函数的平均值点绘的曲线可大抵表示该地区相关函数与站间距的对应关系。

8.4.4.3　根据相关函数来推算内插标准误差

如果能知道某参数在某地区的内插标准误差距离的对应关系，那么，对于一定的容许误差来说，可以利用这种关系来确定出该参数的最大容许距离。

设某区内共有 n 个实测点，对于环境参数 f 来说，各点的标准化偏差为

$$S_j = \frac{f'}{\sqrt{D_f}} \quad (j = 1, 2, \cdots, n) \tag{8-30}$$

于是，该区域中任一内插点上的标准化偏差为：

$$S_o = W_1 S_1 + W_2 S_2 + \cdots + W_n S_n = \sum_{j=1}^{n} W_j S_j \tag{8-31}$$

其中，W_j 是所要测定的内插权重。为测得其大小，按式（8-31）计算的内插值 S_o 所导致的相对内插均方误差

$$E = \overline{\left[\sum_{j=1}^{n} W_j (S_j + \varepsilon_j) - S_o \right]^2} \tag{8-32}$$

应该最小。式中 ε_j 是 j 点上的标准化观测随机误差。现假设：

$$\overline{\varepsilon_j S_k} = 0 \quad (j = k \text{ 或 } j \neq k)$$

以及

$$\overline{\varepsilon_j \varepsilon_k} \begin{cases} = 0 & (j \neq k) \\ = \eta_f & (j = k) \end{cases}$$

式中，η_f 是 j 点上相对随机误差的均方。利用上面的假设条件，展开式（8-32）可以得到：

$$E = \sum_{j=1}^{n} \sum_{k=1}^{n} W_j W_k r_{jk} + \sum_{j=1}^{n} W_j^2 \eta_f - 2 \sum_{j=1}^{n} W_f r_{j0} + 1 \tag{8-33}$$

通过使式（8-33）中对于所有权重 W_j 的偏导数都等于零，就得到一系列线性代数方程：

$$\sum_{k=1}^{n} W_k r_{jk} + W_j \eta_j = r_{j0} \quad (j = 1, 2, \cdots, n) \tag{8-34}$$

W_j 便可根据这些方程的解求得。结合式（8-33）和式（8-34）可得：

$$E_{op} = 1 - \sum_{j=1}^{n} W_j r_{jo} \tag{8-35}$$

这是计算相对内插误差的简化方程。为了获得内插标准误差与距离的对应关系，考虑 3 种预定的站点分布形式。

当内插在连接两站（距离为 d 的 1 和 2）线段中点处进行时，假设均匀性和各向同性都得到满足，即：

$$r_{1o} = r_{2o} = r\left(\frac{d}{2}\right),\ r_{12} = r(d),\ \eta_1 = \eta_2 = \eta$$

于是两点的权重也相等：$W_1 = W_2 = W$，W 为：

$$W = \frac{r(d/2)}{1 + r(d) + \eta} \tag{8-36}$$

于是可得到如下形式的相对内插标准误差计算式：

$$E_{op} = 1 - \frac{2r^2(d/2)}{1 + r(d) + \eta} \tag{8-37}$$

当内插在边长为 d 的正方形中心进行时，E_{op}的计算式是：

$$E_{op} = 1 - \frac{4r^2(d/\sqrt{2})}{1 + 2r(d) + r(\sqrt{2}d) + \eta} \tag{8-38}$$

当内插在边长为 d 的等边三角形中心时，其相对内插标准误差的计算式为：

$$E_{op} = 1 - \frac{3r^2(d/\sqrt{3})}{1 + 2r(d) + \eta} \tag{8-39}$$

上述 3 个公式中的 η 是由下式计算的：

$$\eta = 1 - r'(0) \tag{8-40}$$

式中，$r'(0)$ 表示根据实际观测资料计算的相关函数与距离的关系曲线外延到零距离上的相关函数值。在一定的站间距离内，这 3 种站点分布形式的相对内插标准误差值大体相等，因此在一般情况下，利用式（8-37）来计算相对内插标准误差与距离的关系就足够了。

8.4.5 相关函数法与其他站网设计方法的关系

相关函数法不能确定最优的站点具体位置，需要同其他设计方法结合起来使用。

8.5 聚类法

运用聚类分析对不同的样本进行分类，定量地确定样本之间的亲疏关系，并按照它们之间的相似程度，进行归组聚类。

在站网设计中，应尽量使某一区域所有站点提供的资料能确保该区所有类型的环境参数都得到充分的描述。站网密度不仅与所考虑的参数有关，而且很大程度上取决于区域的水文、地形地貌等环境特征。一般来说，水文、地形地貌复杂的地区在环境上也是复杂的，而且某区域环境复杂性的程度可以通过环境均匀区的划分来确定。下面介绍通过聚类法来划分环境均匀区，说明根据某区环境的复杂程度来估计该区站点的最佳数量。海水水团分析中有比较完善的这类方法，可借鉴使用。

8.5.1 聚类法的适用范围

聚类法一般适用于对已有大量观测数据站网的优化，在有常规环境参数资料的区域，也可初步划分环境复杂程度不同的区域布设新的站网监测其他环境参数。当采集的样品为生物或沉积时，聚类法比较值得考虑。

8.5.2　聚类法的优势

聚类法按环境参数数值相似程度进行区域分组归类，比较直观实用。聚类法可用常规的环境参数进行分区，这对于还没有目标环境参数的区域站网布设很有优势。比如在生物生态参数的采样设计中，由于生物群落一般变动比较大，而采集样品的代表性也不太好，采用聚类法划分生态区系对于站网布设很有价值。

8.5.3　聚类法的限制

不同的环境参数进行聚类分析的复杂程度是不同的。对于一个参数来说是结构简单的地区，对于另一个参数来说也许就显得结构复杂了。另外，各区对环境资料的需求程度不一致，若考虑到费用和收益比例时，站网应达到何种密度是极为复杂的问题，在科学和环境上最优的站网不一定符合经济上的需要，需要运用专业判断折中考虑。

聚类法无法定量地描述监测站网，例如不能给出站网精度等指标。另外，由于环境监测中测量的某些物质在环境中含量非常低，属强干扰大随机参数，其他统计法难以得到稳定的结果，这时聚类法不失为一种较好的替代方法。

8.5.4　聚类法的设计方法*

8.5.4.1　环境均匀区

若某区域各类环境参数均以相似的方法演变着，则称该区为环境均匀区。除采用聚类统计方法外，也可根据经验或水文、地形来划分环境均匀区，例如将海域粗分为河口、海湾、近岸开阔海域、外海等，又如将海水划分为不同性质的水团。为了站网设计的需要，必须定量客观地划分环境均匀区。

8.5.4.2　确定环境均匀区的因子分析和聚类法

式（8-41）表示某天 i 某站的环境参数 x：

$$x_{ij} = a_{i1}f_{1j} + a_{i2}f_{2j} + \cdots + a_{in}f_{nj} + r_{ij} \tag{8-41}$$

式中，f_{1j}-f_{nj}为某站 j 的因子；$a_{i1}-a_{in}$为某天 i 的因子权重；r_{ij}为这一天的误差或残差。x_{ij}所有方差的 85%可用起首的 15 个因子（f_{1j}-f_{15j}）及其相应的权重（$a_{i1}-a_{i15}$）来描述。这种因子由各站的特征或特征的综合所决定；而因子权重则取决于环境形势那些在相似环境形

* 本节根据《气象台站网合理分布概论》（杨贤为，北京：气象出版社，第 18~第 23 页，1989）中聚类法内容整理。

势下受到相似影响的站将具有相似的因子。可以通过挑选具有相似因子值的站点归组并类的方法来确定环境均匀区。这种挑选组分可以采用“聚类法”来实现。这种聚类过程是通过确定 15 维因子空间的站点“距离”，于是

$$d_{ij}^2 = \sum_{j=1}^{15} (f_{ik} - f_{jk})^2 \tag{8-42}$$

其中，f_{ik}和f_{jk}分别是站 i 和 j 上的第 k 次因子。

对于不同的环境参数进行聚类分析的复杂程度是不同的。对于一个参数来说是结构简单的地区，对于另一个参数来说也许就显得结构复杂了。

8.5.4.3 使用因子分析法确定环境的复杂性

由于环境均匀区不可能根据所有的参数统一划分，另一种确定环境复杂性的方法是先将研究区域划分为若干块地理区，然后对每个预定地理区的复杂性进行分析。

为了简单起见，先采用网格来划分地理区，以便站点之间的边界可以客观地确定。为了避免小块区域只有很少的站点，相邻的网格或网格的部分也可以适当调整或合并。对于某区来说，其聚类组数与面积之比愈大，则意味着该区的环境愈复杂。因此，环境复杂性可以单位面积聚类组数的经验方法来制定，每区取最高或最低值的聚类组数作为该区复杂性量度的指标。

8.5.4.4 根据环境的复杂性确定各区所需的站数

根据前面介绍的方法，计算出所有网格区的复杂性度量，列出最“简单”和最“复杂”的区域，再根据地理上大体均匀的定义，确定这两个区的站点数。然后再假设其他各区所需的站密度与该区的环境复杂程度成正比，便能逐一计算出各区所需的站数及站密度。计算公式为：

某区站点数 =（某区复杂性度量/最“简单”区复杂性度量）×（某区面积/最“简单”区面积）×最“简单”区站点数。

通过各区所需站数并对照各区实有站数，可获得某区站网过密或过稀的初步印象，以便在站点不足的地区，增补监测站。

8.5.5 聚类法与其他站网设计方法的关系

聚类法单独使用还是会受到限制，与其他方法结合使用能得到较优的站点数量和位置。在环境监测中，有时监测的区域非常大，涉及的环境复杂程度跨度很大，这时先用聚类法对环境空间进行分区，再对每个小区域进行详细的站点设计，往往能够得到较优的结果。

为了更好地理解分区结果的意义，提高这一方法的空间分辨率，可按 3 站为一组的分类法进行分析。

第 9 章　采样频率和时间设计与优化方法

环境参数总是随时间而变化的，采样的频率和时间选择在环境监测中同样非常重要。监测频率的设计和优化是基于时间序列预测，在分析时间序列的基础上，运用一定的数学分析方法或专业判断，设计能够获得所要环境信息的监测频率以及采样的时间。时间序列预测法的基本特点是：假定事物过去趋势会延伸到未来，预测所依据的数据具有不规则性，抛开了研究对象与其影响因素之间的因果关系。影响环境因子变化的因素十分复杂，影响因子往往很难定量化确定，所以才采用时间序列分析预测法设计和优化采样频率。

采样频率还与监测目的有关，同时又受到人力、物力和财力的约束。因此，在确定采样频率时就必须考虑环境变化（方差），变化越大，要获得描述环境特性的统计参数的可靠估计所需的样品就越多。

需要注意的是，在采样频率和时间设计中，专业判断也非常重要，某些技术规程里还会对监测频率做出规定，有时这种规定比较笼统，如地表水在平、丰、枯水期采样等规定。本部分只介绍基于时间序列统计分析的采样频率设计方法和主要基于专业判断的采样时间设计方法。

9.1　时间序列

9.1.1　时间序列概念

随时间 t 变化的环境参数 $y(t)$，在 t_1，t_2，…，t_N，…处的观测值

$$y(t_1),\ y(t_2),\ \cdots,\ y(t_N),\ \cdots \tag{9-1}$$

组成的离散有序集合，称为一个环境时间序列，记作 $\{y(t)\}$。

环境时间序列包含受确定性因素影响的确定性成分（如周期成分、趋势成分、突变成分等），还包含受随机因素影响的随机成分（包括相依的和纯随机的成分），理想的纯确定性的环境过程实际上是不存在的。包含这两种成分的环境过程就是随机环境过程（环境时间序列），分为平稳序列和非平稳序列。

时间序列分析可参考的论文和专著较多，商业统计软件（如 SPSS）一般均可进行普通的时间序列分析计算。

9.1.2 平稳时间序列

大多数环境时间序列由趋势项、周期项和随机项组成，即

$$Y(t)=f(t)+p(t)+X(t) \tag{9-2}$$

式中，$f(t)$ 为趋势项；$p(t)$ 为周期项；$X(t)$ 为随机项。

假设 $X(t)$ 是一个正态平稳随机过程，如果 $f(t)$、$p(t)$ 是常数，$Y(t)$ 就是平稳随机过程。设平稳随机过程 $Y(t)$ 的样本函数为 $y(t)$，其取值为：

$$y_1,\ y_2,\ \cdots,\ y_t,\ \cdots \tag{9-3}$$

取样开始时刻记为 t_0，Δt 为取样时间间隔，如果第 i 时刻的取样值 $y_i=y(t_0+\Delta t)$，则称式（9-3）形成的序列为平稳随机时间序列。其样本均值、方差等统计特征是基本相同的，也就是说序列的统计特征不随时间的变化而变化，或者说不随时间原点选取不同而变化。

9.1.3 非平稳时间序列

由非平稳随机过程 $Y(t)$ 的一组取样值构成的有序集合 $\{y_t\}$（$t=1,\ 2,\ \cdots,\ t,\ \cdots$）为非平稳时间序列，其样本统计特性随时间的变化而变化，即式（9-2）的环境时间序列中，$f(t)$、$p(t)$ 不是常数。

9.2 采样频率设计方法

9.2.1 平稳时间序列采样频率的设计方法

对于平稳时间序列，主要考虑的是随机项，一般用均值来选择频率，其目的是选择在规定的准确度（置信水平）内，获得均值的估计值（$\bar{x}$）的采样频率，样本均值可用已有的资料求得。这里介绍《水质监测站网设计》① 中给出的方法。

对于给定 $100(1-\alpha)\%$ 置信水平的置信区间为：

$$(\bar{X}-Z_{\frac{\alpha}{2}}\sigma/\sqrt{n},\ \bar{X}+Z_{\frac{\alpha}{2}}\sigma/\sqrt{n})$$

总体均值应有 $100(1-\alpha)\%$ 的概率，使得下式成立：

$$\bar{X}-Z_{\frac{\alpha}{2}}\sigma/\sqrt{n}\leqslant u\leqslant \bar{X}+Z_{\frac{\alpha}{2}}\sigma/\sqrt{n} \tag{9-4}$$

整理后得均值的和未来估计值所需要的抽样数 n 为：

---

① T. G. Sanders 等著，金立新等译，南京：河海大学出版社，1989。

$$n \geqslant \left[\frac{Z_{\frac{\alpha}{2}} \cdot \sigma}{u - \overline{X}}\right]^2 \tag{9-5}$$

当样本容量大于 30 时，可用样本方差 S 代替 σ，用 t 统计量 $t_{\frac{\alpha}{2}}$代替 $Z_{\frac{\alpha}{2}}$，真实总体均值和样本均值之间的差 $u-\overline{X}$ 用误差 E 代替，则：

$$n \geqslant \left[\frac{t_{\frac{\alpha}{2}} \cdot S}{E}\right]^2 \tag{9-6}$$

置信区间宽度 L 为 $Z_{\frac{\alpha}{2}} \cdot \sigma/\sqrt{n}$，所以

$$n = \left[\frac{2 \cdot Z_{\frac{\alpha}{2}} \cdot \sigma}{L}\right]^2 \tag{9-7}$$

从式（9-7）可知，采样频率主要决定 3 个因素：①方差的大小；②选择置信水平的大小；③置信区间宽度。根据站点的重要性和监测参数的重要性可取 95%、90%和 85%的置信概率。

对于单站监测多个环境参数时，确定采样频率的简单办法是分别计算每个参数的单独采样频率，并求它们的平均值，并辅以专业判断设计合适的采样频率。另一种方法是在采样频率范围内计算每个参数置信区间宽度的加权平均值，以便求出最理想的采样频率。这种方法中使用的加权因子应当加以选择，以便使来自所有参数的作用，具有类似的数量级；同时，以很小数值出现的单一参数的影响，在总数中可以忽略。

实际遇到的设计情景往往是多个采样站点、多个监测参数。如果根据经费水平、测量（检测）能力和现行的采样频率可以确定一个分配在整个站网的采样总数 N，对于多站、单一参数而言，可以用下式计算每个站的采样频率：

$$n_i = W_i \cdot N \tag{9-8}$$

式中，W_i 为 i 站的加权因子，在站网中全部站权重之和等于 1。

权重 W_i 可以根据每个站的背景值（多年平均值）、环境参数的自然变化性（多年方差）等确定每个站的重要性。

基于多年平均值的加权因子可用下式计算：

$$W_i = u_i \left(\sum_{i=1}^{N_S} u_i\right)^{-1} \tag{9-9}$$

式中，u_i 为 i 站某环境参数的多年平均值；N_S 为站网中总的站点数。

若加权因子根据多年方差确定，则：

$$W_i = \sigma_i^2 \left(\sum_{i=1}^{N_S} \sigma_i^2\right)^{-1} \tag{9-10}$$

式中，σ_i^2 为 i 站监测参数的多年方差。

若加权因子根据标准差，则：

$$W_i = \sigma_i \left(\sum_{i=1}^{N_S} \sigma_i\right)^{-1} \tag{9-11}$$

式中，σ_i 为 i 站监测参数的标准差。

如果每个站的采样频率相同，则整个站网内的均匀分配在置信区间宽度上产生的变化最大；根据方差成比例分配，则在每个站点都能得到关于样本均值的相同置信区间宽度，每个站点的样品数不同，方差大，样品数也大；根据标准差成比例分配，则介于上述两个极值之间，样本均值的置信区间各不相同，但站点与站点之间的采样频率较由方差按比例分配而言，悬殊不是很大。因此，根据均值和标准差确定加权因子的方法，产生的分配较合理。

对于多站点、多环境参数而言，可以计算每个环境参数单独的采样频率，然后计算出所有环境参数的平均采样频率，作为每个站的采样频率。

9.2.2 非平稳时间序列监测频率设计方法*

假如环境参数的变化为非平稳时间序列，则环境监测频率设计应考虑到周期项、趋势项和随机项，这时监测频率同时取决于参数的趋势、周期和随机变化的特征。在这种情况下，监测频率设计的方法是把监测频率与监测目的用统计参数结合起来。总目标分解为3个监测目标：①监测趋势；②识别周期变化；③估计平均。

趋势特征包括趋势类型（如线型或阶梯趋势）和趋势大小。趋势越大，统计检验出趋势的概率。因而，用低频率的监测即可发现大幅度的趋势变化。

周期特征包括有多少周期成分，每个周期成分的周期与振幅。高频率的周期波动只有用高频率的监测才能监测到。

随机特征包括时间相关结构与标准差。时间相关结构用时间序列的自相关函数描述。时间序列自相关越高，监测频率应越低。标准差越大，说明随机干扰越多，越难监测趋势和识别周期变化，需要的监测频率越高。确定监测频率的目标与定量标准如表9-1所示。

表9-1 确定监测频率的目标与定量标准

监测目标	定量标准	监测序列特征	监测频率
监测趋势	• 检验趋势的概率	• 趋势类型 • 趋势大小 • 相关结构 • 标准差	f_T
识别周期变化	• 最高频率 • 识别周期变化参数的精度	• 显著周期 • 相关结构 • 标准差	f_P
估计平均值	• 估计精度 • 信息量	• 相关结构 • 标准差	f_M
总目标：环境变化动态：$f=\max(f_T+f_P+f_M)$			

* 本节引自《地下水监测信息系统模型及可持续开发》（周仰效，北京：科学出版社，2011）中的监测频率设计方法。

选取f_T，f_P 和f_M 中最大的频率作为监测频率，就可以满足监测区域参数实际动态变化的要求。

9.2.2.1　监测趋势频率设计方法

检验线型或阶梯趋势的概率可作为监测趋势的定量标准。检验趋势的概率也称为检验趋势的能力。用下面的公式计算：

$$P_w = 1 - \beta = F(N_T - t_{\alpha/2}) \tag{9-12}$$

式中，$F(x)$ 为累积 t 概率分布函数；N_T 为趋势数；$t_{\alpha/2}$为置信度为 α（通常取5%）时的 t 分布的临界值。

对阶梯趋势检验，N_T 由下式计算：

$$N_T = \frac{T_r}{2s_p/\sqrt{n}} \tag{9-13}$$

对线型趋势检验，由下式计算：

$$N_T = \frac{T_r}{\sqrt{12}s_l/\sqrt{n(n+1)(n-1)}} \tag{9-14}$$

式中，T_r 为趋势幅度。

对阶梯趋势检验，由下式计算：

$$T_r = |\mu_1 - \mu_2| \tag{9-15}$$

对线型趋势检验由下式计算：

$$T_r = n|\beta_1| \tag{9-16}$$

式中，s_p 和 s_l 分别为阶梯和线型趋势序列的标准差；μ_1 和 μ_2 为阶梯序列两个子序列的平均值；β_1 为线型趋势序列的斜率。

给定置信度，趋势检验的能力取决于趋势大小、检验趋势的时期、监测频率、监测序列的相关结构和标准差。监测序列的相关结构和标准差可以用该区域的历史监测数据计算。因而，趋势检验的能力简化为监测频率的函数。随着监测频率的增加，检验趋势的能力也增加。趋势幅度越大，检验趋势的能力也越大。对于同一监测频率，标准化的趋势幅度越大，检验趋势的能力也越大。当给定要检验的趋势大小和要求检验的能力，所需的监测频率（f_T）可从图 9-1 上读取。

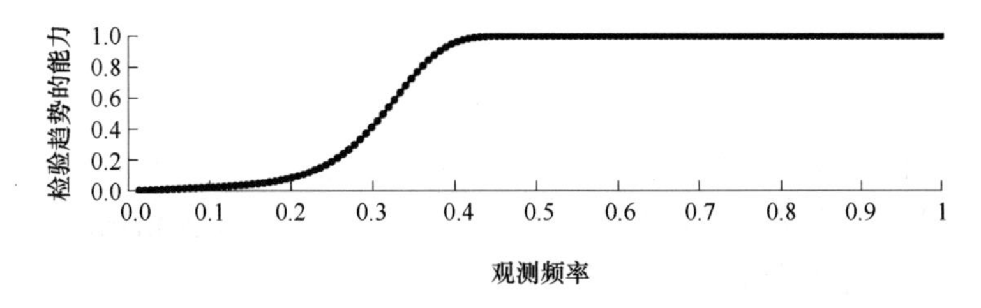

图 9-1　检验趋势的能力与观测频率的相互关系示意图

9.2.2.2 识别周期变化

监测频率应当足够高才可以监测到周期性变化。当监测间隔大于周期的一半时，则无法监测到真实的周期变化，只有当监测间隔小于周期的一半时，才有可能监测到真实的周期变化。因此，在每个周期内，至少要监测3次才可能监测到显著的周期变化。

周期变化有不同的时间尺度，通常用调和序列分析识别不同的周期（图9-2~图9-4）。调和序列参数的估计精度与监测频率相关，监测频率越高，参数估计的精度越高。参数估计精度的半置信区间可以用以识别周期变化的定量标准。半置信区间的计算公式为：

$$R = \frac{2st_{\alpha/2}}{\sqrt{n}} \tag{9-17}$$

式中，s为监测序列的标准差。

给定置信度，半置信区间是监测频率、置信度为α为（通常取5%）时的t分布的临界值，监测序列的相关结构和标准差的函数。随着监测频率的增加，半置信区间逐渐减小，估计精度越高。给定需要的估计精度，得到所需的监测频率（f_p）可由式（9-17）计算。

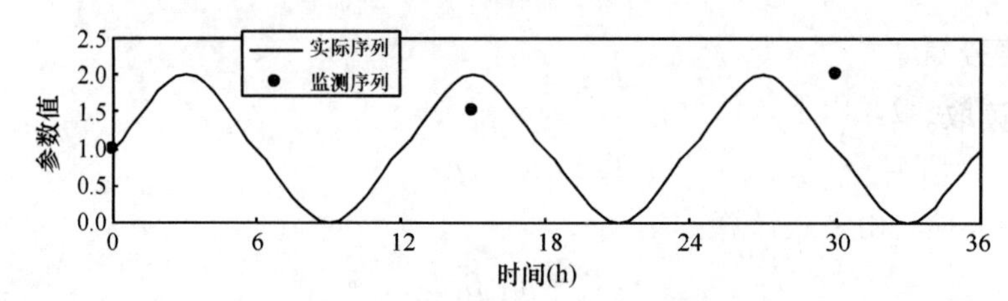

图9-2 监测时间间距大于周期长度

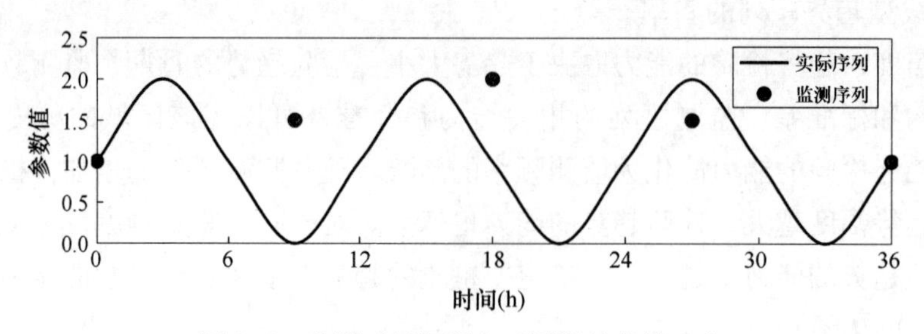

图9-3 监测时间间距大于周期长度的一半

9.2.2.3 估计平均值

估计随机序列的平均值监测频率设计，可通过估计平均值的半置信区间或估计的平均值的信息含量计算。这里介绍比较实用的半置信区间法。估计半置信区间（用样本方差S代替σ，用t统计量$t_{\frac{\alpha}{2}}$代替$Z_{\frac{\alpha}{2}}$）的计算公式为：

$$R = \frac{t_{\alpha/2}S}{\sqrt{n^*}} \tag{9-18}$$

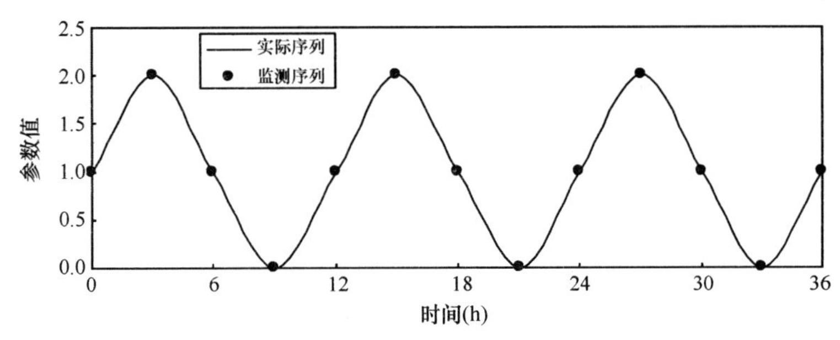

图 9-4　监测时间间距小于周期长度的一半

式中，n^* 为等效独立监测次数。

对于 AR（1）（一阶自回归）时间序列用下式计算：

$$n^* = \left[\frac{1}{n} + \frac{2}{n^2}\frac{\rho_1^{(n+1)\Delta t} - n\rho_1^{2\Delta t} + (n-1)\rho_1^{\Delta t}}{(\rho_1^{\Delta t} - 1)^2}\right]^{-1} \tag{9-19}$$

式中，ρ_1 为时间滞后一个单位时的自相关系数。

图 9-5 显示标准化的半置信区间与监测频率的关系。随着监测频率的增加，半置信区间逐渐减小，估计平均值的精度越高。如给定要估计平均值的精度，所需要的监测频率（f_M）可从图读取。

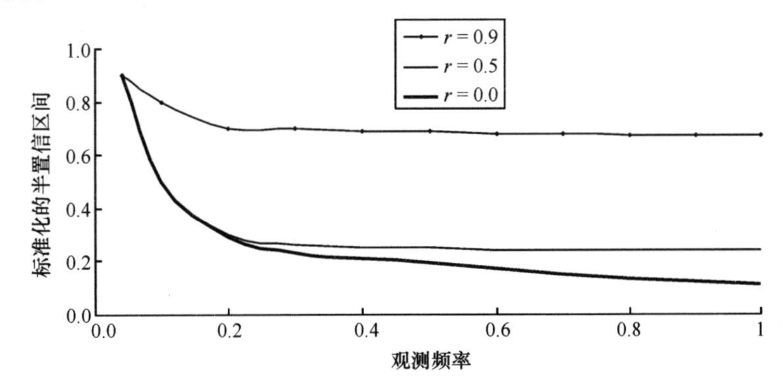

图 9-5　估计平均值的标准化的半置信区间与观测频率的关系

9.3　采样时间设计

环境系统往往受到各种因素的影响，如气候变化、流体动力搬运、排污等，使得采样时间的选择也非常重要。例如，海洋环境中，近岸环境随时间变化较明显，采样时间选择很重要；对于距离海岸较远的海域，受陆地的影响相对较小，加之船舶等资源的制约，对采样时间的要求可以放宽。不同的环境介质对采样时间的要求也不同，如水体和生物对采样时间要求较严格，沉积物的采样时间可放宽。

采样时间的确定要综合考虑各种因素的影响。分析各种环境因素影响时，要结合拟监测参数的时间变化特征来综合确定。

环境监测采样有时受某些资源限制，当积累了较多的环境资料，基本描述了目标总体的时间变化规律后，也可灵活选择采样时间。

9.3.1 季节因素

许多环境参数都随季节变化明显，主要有季风、陆地径流、水温、海流、生物群落等。随季节变化的环境参数往往呈现出明显的周期变化，利用这一规律，当积累了较多的监测资料后，可通过统计分析、专业判断设计最佳的采样时间（季节）。

9.3.1.1 判断参数变化周期的R/S分析法

R/S分析法通常用来分析时间序列的分形特征和长期记忆过程，最初由英国水文学家赫斯特（Hurst，1951）在研究尼罗河水坝工程时提出的方法。后来，它被用在各种时间序列的分析之中。R/S分析方法的基本内容是：对于一个时间序列 $\{X_t\}$，把它分为 A 个长度为 N 的等长子区间，对于每一个子区间，设：

$$X_{t,n}=\sum_{u=1}^{t}(x_u-M_n) \tag{9-20}$$

其中，M_n 为第 n 个区间 x_u 的平均值；$X_{t,n}$为第 n 个区间的累计离差。令：

$$R=\max(X_{t,n})-\min(X_{t,n}) \tag{9-21}$$

若以 S 表示 X_u 序列的标准差，则可定义重标极差R/S，它随时间而增加。Hurst通过长时间的实践总结，建立了如下关系：

$$(\mathrm{R/S})_n=K\cdot n^H \tag{9-22}$$

对式（9-22）两边取对数，得到：

$$\lg(\mathrm{R/S})_n=H\cdot\lg(n)+\lg(K) \tag{9-23}$$

因此，对 $\lg(n)$ 和 $\lg(\mathrm{R/S})_n$ 进行最小二乘法回归就可以估计出 H 的值。

Hurst指数可衡量一个时间序列的统计相关性。

当 $H=0.5$ 时，时间序列就是标准的随机游走。

当 $0\leqslant H<0.5$ 时，是一种反持久性的时间序列（无长时间记忆），如果一个系统以前是向上走，则下一个周期向下走，反之亦然。这种反持久性的强度依赖于 H 值离零有多近，越接近于零，这种时间序列就具有比随机序列更强的突变性或易变性。

当 $0.5<H\leqslant 1$ 时，表明一个持久性或趋势增强的序列（长时间记忆）。若一个系统以前是向上走的，那么它在下一个周期多半是继续向上走的，反之亦然。这种持久强度依赖于 H 值离1有多远，越接近于1，这种时间序列就具有比随机序列更强持久性。

在对周期循环长度进行估计时，可用 V_n 统计量，它最初是Hurst用来检验稳定性，后来用来估计周期的长度。

$$V_n=(\mathrm{R/S})_n/\sqrt{n} \tag{9-24}$$

计算 H 值和 V_n 的目的是为了分析时间序列的统计特性。因为 V_n 统计量是相对于的变化率，所以当时间序列呈现出持续性（$H>0.5$）时，比率就会增加，V_n 统计量曲线就会一直上升；如果序列呈现出随机游走（$H=0.5$）或反持续性（$H<0.5$），V_n 统计量将大致保持不变或单调下降。也就是说，当 V_n 统计量曲线由上升转而为保持大致不变或下降时的分界点就是序列长期记忆的消失点。因此 V_n 统计量关于 lg（n）的关系曲线就可以直观地看出一个时间序列某一时刻的值对之后的趋势产生影响时间的界限。

9.3.1.2　最佳监测时间的选择

获得监测参数的时间变化特征后，主要通过专业判断法，结合采样资源的限制，综合确定最佳采样时间。

9.3.2　水动力因素——以海洋环境为例

在海洋中，水动力有时是相对比较固定的周期性变化因素，在近岸海域采样，必须考虑水动力因素，对于外海采样，受船舶限制、陆地影响较小等因素，采样时间可以不考虑水动力因素。水动力因素主要是水体采样时间设计中考虑的，分潮汐因素和海流因素。

1）潮汐因素

潮汐因素要考虑大潮期、小潮期、涨潮时、退潮时、低平潮、高平潮等情况，在某些近岸海域还存在驻波现象。一般在近岸海域，低平潮时水质较差，采样能较充分反映水体污染情况。但要在某一时刻完成全部站点的采样几乎是不可能的，使用准同步采样是较好的采样方法。

2）海流因素

在设计采样时间和各站点采样顺序时，要考虑海流因素。事实上，受船舶等资源的限制，在近岸海域采样时间才有较大的灵活性。对于一次采样这样的短时间，近岸海域主要受潮流的影响，而水体采样顺序对于获得更多环境信息很重要，设计的原则是逆流采样，但实际只是极少数受地形限制而出现往复流的海域中才可用，因为多数海域潮流方向在潮汐周期内是连续旋转变化的，逆流采样实现不了。

9.3.3　水文气象因素

1）光照因素

光照对于很多生物活动影响剧烈，进而对于一些生源要素类参数的影响也不可忽略。宏观的光照变化在季节因素里考虑，某些参数可能要考虑日内光照变化。但是，对日内光照变化敏感的监测参数对于研究也许是有用的，但不适合作为常规监测参数。

2）温度因素

同光照因素一样，宏观的温度变化在季节因素里考虑，如果有参数对于日内温度敏感，也不太适合做常规监测参数。

第10章　环境监测方案评估和优化调整

一个监测方案执行后，应进行评估，评定其是否达到规划设计的目标，对于还需要继续执行的环境监测项目，应利用获得的监测资料更新目标总体环境信息，对监测方案进行优化调整。

10.1　监测边界的评估和调整

根据监测获得的环境信息，评估监测边界上的环境参数状况，是否达到监测规划设计的目标？如需要继续监测，是否需要调整？

1）空间地理边界的评估和调整

（1）自然的地理边界总是处于变化之中的，应评估设计的监测范围是否包括了需要监测的自然地理区域。如，有些河口变化十分剧烈，可能需要每年评估和调整；有的城市扩张比较快，城市边界也应该按实际情况调整，而不是单单拘泥于行政区划。

（2）管理的地理边界主要依据行政区域划分，在短时间内是比较固定的，但有时也会有变更，应查找最新的政府公布的划界，以更新管理的地理边界信息。

2）空间生态边界的评估和调整

生态系统总是处于不断变化之中，并且不同的生态系统可能是交叉的。生态边界的确定往往依赖于专业判断。获得新的监测资料后，更新监测信息，主要采用专业判断评估和调整空间生态边界。

3）动力空间边界的评估和调整

一般来说如果地形地貌没有大的改变，则水动力条件基本稳定，因此，动力空间边界的改变往往与污染源变化相关。根据获得的监测资料，可以很方便地评估动力空间边界规划设计是否合理。由于污染源和动力条件本身难以精确描述，确定的动力空间边界往往是有偏差的，需要在更新环境信息后依据实测数据进行调整。

4）项目空间边界的评估和调整

对于影响范围较大的项目，仍需要根据预测的影响范围，结合实际监测获得的结果评估工程项目环境影响范围，优化调整监测边界。

5）时间期限评估和调整

时间期限往往是管理需求的，一般调整的余地不大。通过监测更新环境信息，获得新的时间变化规律描述，也可以提出时间期限建议。对于无法确定期限的持续监测项目，在污染影响基本消除或环境基本恢复之后，经评估可以提出监测终止时间的建议。

10.2　监测参数的评估和调整

通过环境监测系统更新环境信息后，应对每个监测参数进行评估，分析监测参数反映环境问题的作用。对于需要继续执行的监测项目，可根据需要调整监测参数。

在评估监测参数时，有以下需要特别注意的问题。

（1）评估监测参数的功能，对目标总体影响反应的特定性和可靠性。评估监测参数是否清楚地反映出受害资源的变化，分析二者的联系程度，给出因果关系。监测参数必须与要回答的特定影响和受害资源紧紧联系在一起。

（2）统计监测参数分布和特点（即信号-噪声比）。评估监测参数的变异和分布，对于变异非常大或者分布难以确定的参数，往往难以获得有意义的结论，是否适合做常规监测项目，需要进一步研究。

（3）监测参数是否能够完整地评估目标总体中受害资源的影响，如不能，需要研究增加监测参数。

（4）监测参数的优先顺序。对于环境“热点”区域，针对受害资源列出监测参数的有限顺序是合适的。

（5）随着时间的推进，监测参数发生较大变化的，需要重新评估确定是否需要调整。

利用 10.3.2 节的统计权分析方法，也可评价单个监测参数的功能，合理调整监测参数的先后顺序。

10.3　监测站网的评估和调整

环境总是不断变化的，为了客观地反映和掌握环境的状况及其时空变化规律，及时提供动态环境信息，就必须获得能客观反映实际情况的环境数据，即采样要有代表性。采样的代表性与监测站点的设置是否合理密切相关。

对于连续执行的重复性监测项目，监测站网的设计和优化是一个迭代过程。在实施监测过程中，随着环境信息的增加和新的监测目的或活动的增加，认识水平不断提高，将对监测站网提出新的要求，应根据获得监测结果和形势发展的需要，不断地对监测站网进行优化调整，以提高监测网的效率。

评估监测站点布设的代表性、实用性、合理性是监测站网评估和优化调整中的重要问题。

10.3.1 基于经典统计方法的站点评估方法

当获得一定系列的环境资料后，就可以采用统计检验的方法，对监测站点的代表性进行分析。下面介绍几种检验方法。

10.3.1.1 t 检验法*

应用 t 检验法，可以对两个相邻站点的代表性进行检验，找出冗余站点。

设两个相邻站点服从正态分布且方差相等，样本系列为：

X：X_1，X_2，…，X_m

Y：Y_1，Y_2，…，Y_n

其中，m 和 n 分别为相邻站点 X 和 Y 的环境数据样本容量。统计量 t 为

$$t=\frac{\overline{X}-\overline{Y}-(u_1-u_2)}{\sqrt{\frac{(m-1)S_1^2+(n-1)S_2^2}{m+n-2}\left(\frac{1}{m}+\frac{1}{n}\right)}} \tag{10-1}$$

其自由度：$f=m+n-2$

取原假设 H_0：$u_1=u_2$，则式（10-1）成为：

$$t=\frac{\overline{X}-\overline{Y}}{\sqrt{\frac{(m-1)S_1^2+(n-1)S_2^2}{m+n-2}\left(\frac{1}{m}+\frac{1}{n}\right)}} \tag{10-2}$$

根据相邻站点的环境资料，分别计算均值 $\overline{X}$、$\overline{Y}$ 和方差 S_1^2、S_2^2，计算统计量 t，给定显著性水平 α，查 t 分布表可得 t_α 值。

（1）若 $|t|>t_\alpha$，则拒绝 H_0，即两个站点的均值不相等，认为两个站点的设置是有代表性与合理性的。

（2）若 $|t|<t_\alpha$，则接受 H_0，即两个站点的均值无显著性差异，存在站点冗余，此时要结合实际情况，考虑站点的调整问题。

10.3.1.2 相关检验法

经过均值检验后，还要进行相关检验看均值相关性如何，如果达不到临界相关系数的要求（甚至出现负相关），则说明均值不相关（或相关关系不合理）。

相关系数的计算公式为：

$$r=\frac{\sum(X_i-\overline{X})(Y_i-\overline{Y})}{\sqrt{\sum(X_i-\overline{X})^2\sum(Y_i-\overline{Y})^2}} \tag{10-3}$$

原假设 H_0：两相邻站点的环境参数变量相互独立（$r=0$）。

---

* 本节引自《水质监测站网设计》（T. G. Sanders 等著，金立新等译，南京：河海大学出版社，1989）。

计算统计量：

$$t = \sqrt{n-2}\,\frac{r}{\sqrt{1-r^2}} \tag{10-4}$$

给定显著性水平 α，由 α 和 $n-2$（此时的自由度 $f=n-2$），查 t 分布表可得 t_α。

（1）若 $|t|>t_\alpha$，则拒绝 H_0，认为两个站的环境变量相关是显著的，可考虑合并或撤销一个站点。

（2）若 $|t|<t_\alpha$，则接受 H_0，两个站点环境变量相互独立，站点设置是合理的。

10.3.1.3　秩和检验法

威尔克逊（Wilcoxon）秩和检验可以用来检验两个独立性总体之间位置参数的迁移变化情况，使用于被检验总体服从正态分布或不服从正态分布。

设相邻两个站点的环境样本系列为：

X：X_1，X_2，…，X_{n1}

Y：Y_1，Y_2，…，Y_{n1}

把全部的 $m=n_1+n_2$ 个数据看成一个数据系列，按数值大小升序排列，每个数据在系列中排列的序次秩为该数据的秩，对这 m 个数据赋予从 1 到 m 的秩值，即最小数据赋秩值 1，次最小数据赋秩值 2……最大数据赋秩值 m。一组数据的秩的总和称为秩和。当同一数据两组中均有，在计算秩和时以中间秩——即顺序排列时其秩值的平均值参加计算。

（1）当计算得到的秩和值 T 大于或小于秩和检验临界值表中相应显著性水平 α 下的上限 $T_{上}$ 或下限 $T_{下}$ 值时，则认为相邻两站点的总体有显著差异，两站点的布置是合理的。

（2）反之，则无显著性差异，可以考虑对相邻两站点进行调整。

10.3.2　统计权分析法*

统计权分析用于决定检测到的最小变化，因此，也就确定监测项目设计的可行性。使用统计权分析对监测方案可行性评估如下：①是否收集到足够的数据？②用多长时间才能监测到数值模拟的预测结果？其目的之一是，认识监测数据的特征，否则将会影响统计检验的使用性；目的之二是，利用统计检验对环境参数变化趋势进行分析。对某些统计检验来说，根据从数据中估计出的统计特点，可以寻求出计算权的方法。计算检验权的标准方法是 Monte Carto 法。

Monte Carto 法检验环境参数的特定趋势，其分析过程按下述步骤进行：

（1）确定站点间的距离，展示站点间的环境参数变化梯度。

（2）从特定取样站点空间内，由计算机程序编排随机取样，模拟的采样频率与监测项目中的相同，采样时间可取为 5~10 年。

（3）每个采样试验重复 500 次。

---

* 本节引自《河口环境监测指南》，美国环境保护局近海监测处编，范志杰，李宗品，马永安 译，北京：海洋出版社，1997。

（4）每个试验中模拟的数据，要经季节性 Kendall tau 检验分析，所有 500 次模拟结果都要用于检验统计结果分布，以便决定模拟结果的百分比。这样，无效假定（无趋势变化）就会合乎逻辑地被排除（即：检验的权）。

（5）对不同的趋势变化梯度，要进行一系列的重复步骤，分析的结果用于做检测概率对趋势梯度的变化图（图 10-1）。

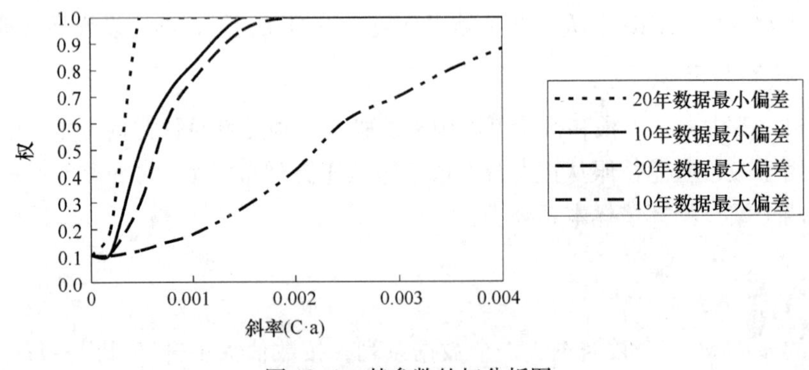

图 10-1　某参数的权分析图

C 为浓度单位，如 mg/L

权分析结果可用于评价单个监测参数的功能，可以评价出整个监测方案的优缺点，并能够根据经费的状况，合理调整监测参数的先后顺序。利用检验结论和权分析技术，可以回答两个重要的问题：①哪个站点设置的最为合理；②哪个监测参数最有用？通过回答这些问题，可以改进监测频率（收集更多或更少的数据），取消或移动站点和加减监测参数。

10.3.3　基于空间估值精度的站网评估方法

很多固定站网在空间上一般是采用网格采样，可以通过样本数据的空间估值精度评估采样方案。Kriging 方法在空间估值中应用广泛，也可用来评估数据空间估值精度。

Kriging 插值误差的方差可以作为评价监测网质量的一个标准。一个最优的监测网生成的 Kriging 插值误差的方差应当是最小的。Kriging 插值法的特点是：计算插值误差的方差只与观测点的个数和位置（监测网的密度）、空间相关结构（方差函数）有关，而与实测值无关。利用这一特点可以评估监测网密度。

10.3.3.1　Kriging 方法误差验证

Kriging 方法中，根据采样数据计算了样本的变异函数值［$\gamma^*(h)$］后，需要根据样本的变异函数值来选择适当的变异函数模型 $\gamma(h)$。Kriging 方法对样本点的估计值是精确的，就是说，如果用样本观察资料 $Z(x_1)$，…，$Z(x_n)$ 来估计其中的任何一个值 $Z(x_i)$，那么估计值就等于观察值。这一性质给出了一种评价所选择变异函数模型优劣的方法，一般采用交叉验证法。

1）选择变异函数模型的一般原则

在选择变异函数时，必须注意以下限制：

①对样本变异函数值进行分段线性拟合不一定能保证产生一个有效的模型。

②最小二乘法的曲线拟合并不是一种最佳的，有时甚至不是合适的选择变异函数模型的方法。

③因为 $Z(x_1)$，…，$Z(x_n)$ 的联合分布的类型是未知的，所以许多统计学方法，比如假设检验、置信区间等都是不能直接应用的。

当根据样本变异函数值拟合变异函数模型时，应遵循的使用原则：

①用来计算样本变异函数的数据量应足够大，一般必须大于 30 个数据点，为了精确地估计变异函数，有的甚至建议至少应有 100~200 个样本数据。在每一个分离距离（h）上用来计算样本变异函数值的数据对［$N(h)$］不应太小，一般 $N(h)$ 应大于 30，及样本变异函数值应该有大于 30 对的数据来计算，$N(h)$ 太小的样本变异函数值不一定可靠，可不取用。

②只用分离距离 $|h| \leq L/2$ 的样本变异函数数值来拟合模型，L 是在研究区域沿某一方向的最大尺度。比如，在一维的研究区域内，L 就等于区域长度；在二维的矩形区域内，L 就是最长的对角线的长度。这是因为在大分离距离下的测量资料代表样本采集地边缘的方差结构，而不是样本主流的方差结构。在 ArcGIS 软件中，系统默认的步长和步长组数，计算结果一般会比较好。

③在拟合过程中，将更多的注意力集中在较小的分离距离的样本变异函数值上。近距离的变异函数比远距离的变异函数起的作用更大。

④根据经验，用眼睛进行观察得到的变异函数模型通常是进行拟合的一个好的开端。

通常的做法是用从上面介绍的规则定的标准模型，包括它们的网状模型中选择一个模型来拟合样本变异函数值，从拟合曲线得到模型参数的初步估计值，然后用下面讨论的交叉验证法逐步使变异函数模型完善。

2）交叉验证法的实施步骤

在交叉验证法实施过程中，在每一个有观测值的地方，将此观测值暂时去除，用其他剩余的观测以及 Kriging 法（在 Kriging 法中使用初步选定的变异函数模型）来估计这一观测点的值，然后将暂时去除的观测值放回，重复以上步骤，对所有观测点进行估值。这样，在所有观测点处，既有实际的观测值，又有估计值，然后用统计学方法对一一对应的观测值和估计值进行比较，从而选择变异函数模型。

交叉验证法的具体实施步骤总结如下：

（1）根据采样数据计算的样本的变异函数和以上选择变异函数模型的使用原则，初步选定一个变异函数模型及其参考数值；

（2）将第一个测量值 $Z(x_1)$ 暂时从数据系列中除去；

（3）用其余的测量值、Kriging 法和选择的变异函数模型来估计 x_1 点上的值 $Z^*(x_1)$；

（4）将 $Z(x_1)$ 放回系列，重复步骤（1）~步骤（4）对其余的点进行估计，得到估计值 $Z^*(x_2)$，$Z^*(x_3)$，…，$Z^*(x_n)$；

（5）用原始资料 $Z(x_1)$，…，$Z(x_n)$ 和估计值 $Z^*(x_1)$，…，$Z^*(x_n)$ 来进行统计计算；

（6）通过统计结果，判断模型的好坏；

（7）如需要，可适当调整参数值或另选模型重复步骤（1）~步骤（6），达到结果满意为止。

以下是用来判断变异函数模型好坏的一些统计量：

如果选择的模型比较好，那么平均误差

$$\frac{1}{n}\sum_{i=1}^{n}\left[Z(x_i)-Z^*(x_i)\right] \tag{10-5}$$

就应该比较小，绝对值应该接近于0。相似地，均方差

$$\sigma^2=\frac{1}{n}\sum_{i=1}^{n}\left[Z(x_i)-Z^*(x_i)\right]^2 \tag{10-6}$$

应该尽可能小，均方差应该接近于平均 Kriging 法的方差：

$$\frac{1}{n}\sum_{i=1}^{n}\sigma_{K,i}^2 \tag{10-7}$$

式中，$\sigma_{K,i}^2$是 $Z^*(x_i)$ 的 Kriging 法的方差。并且，

$$\frac{1}{n}\sum_{i=1}^{n}\left[\frac{Z(x_i)-Z^*(x_i)}{\sigma_{K,i}}\right]^2 \tag{10-8}$$

即标准化的 Kriging 方差应该接近于1。应选择变异函数模型及参数以便使 Z^* 和 $(Z-Z^*)/\sigma_K$ 的相关系数尽可能小，即不存在系统的估计误差，使 Z^* 和 Z 的相关系数尽可能大，即估计值应尽可能接近实测值。

选择的变异函数模型应使 Kriging 估计值产生以下较好的统计结果：

（1）平均误差尽可能接近于0。

（2）均方差尽可能的小。

（3）平均 Kriging 方差尽可能的小。

（4）标准 Kriging 方差或约简 Kriging 方差（即均方差与平均 Kriging 之比）尽可能接近于1。

（5）估计值与估计误差的相关系数尽可能的小，即没有系统的估计误差。

（6）估计值与实测值的相关系数尽可能的大。

注意：交叉验证是一个渐进和摸索的过程，统计量的好坏是相对而言的，“尽可能”也是比较而言的，只有经过多次比较实践才能获得“最好”的变异函数模型。

10.3.3.2 采样站网精度评估

由于空间自相关性，使得采用 Kriging 方法分析数据误差的绝对值强烈依赖于使用数据的总体，不能直接用误差值来评估采样站点。评估样本的有效作用范围来表达采样结果

的空间精度，是有效的方法。在 Kriging 方法中，变程是用来确定空间上两个样本变量之间相关的最大距离，它决定估值可靠程度。

变程反映了区域化变量的影响范围，即空间上两个变量之间相关的最大距离。当两个变量间距离小于变程时，其空间上是相依的；大于变程时，其空间上是无关的。变异函数的变程实际反映的是最佳站点间距。因此，变程可以作为采样站点有效作用范围的定量基准。

对于变异函数，误差实际包括两部分：块金值和随距离而变化的估计误差。块金值反映的是观测误差和微小尺度的误差，因此，从空间距离上讲，插值的精度实际上可以分为如下两个部分。

第一个部分是原点到两倍块金值处，可称之为站点的“控制半径”（图 10-2）。在这部分，由估值贡献的变异小于块金值，估值的可靠程度较高。控制半径是合理站点间距的最小值，小于这个距离的站点密度，并不能有效提高估值的精度。

第二个部分是控制半径到有效变程（变程的 95%）处，可称之为“作用半径”（图 10-2）。在这部分，由估值贡献的变异大于块金值，估值的可靠程度较低，但还是处于可以控制的范围。在这部分，加密站点可以有效提高估值的精度。

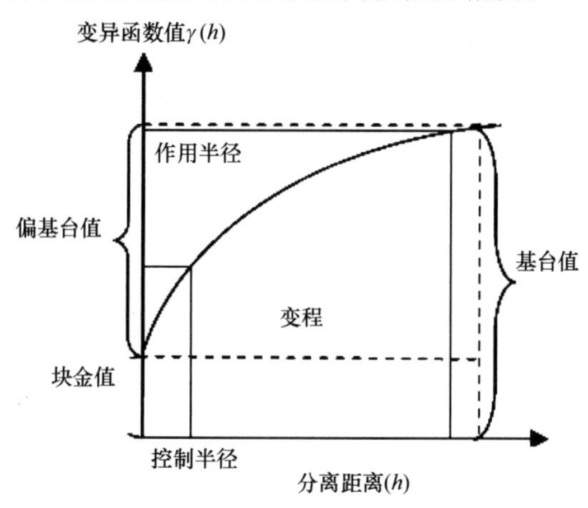

图 10-2　“作用半径”与“控制半径”示意图

当获得监测数据后，通过计算站点的“作用半径”与“控制半径”，评估监测站点的精度。实际操作中，站点的密度要落在变程的 1/2 内才比较可靠，也就是说，站点密度要落在“控制半径”到 1/2 变程范围内。

10.4　采样频率的评估和调整

新设的监测站点，可根据区域特征、设计频率并按相关规范要求进行采样。当积累了一定的监测资料后，就应优化调整采样频率，以满足监测目标的需要。

采样的时间和频率是监测方案设计的关键内容之一。环境参数总是随时间变化的，因此，对于重复性的监测项目，评估其采样的时间和频率是必要的。

在实际操作中，应根据积累的监测数据资料，不断优化采样频率。

对于重复性监测项目，当获得新的监测资料后，代入使用的采样频率设计公式重新计算采样频率。

（1）若新计算的采样频率低于或等于原设计的采样频率，则达到了监测方案设计目的。

（2）若新计算的采样频率高于原设计的采样频率，则未达到监测方案设计目的，继续执行监测项目需要加密监测频率。

10.5 采样时间的评估和调整

采样时间往往受资源的限制。例如，在近岸海域，高平潮、低平潮时刻污染物分布比较有代表性，但要在某一时刻完成采样是很难的。实际采样，要在采样成本和最佳采样时间之间进行权衡。获得监测信息后，通过对监测参数的统计分析，评估采样时间的效果，根据采样资源的情况，优化采样时间。

第 11 章　环境监测设计的文件说明

11.1　概述

环境监测设计成果应该以文件说明的形式给出，监测范围、采样站点、采样频率、监测参数、采样方法、样品测量程序等均能影响信息的产生。环境监测设计的文件说明，能够详细地展示设计工作的成果，让使用或执行者快速理解和准确操作环境监测项目，也能让管理者明白监测的原因和目的并做出经费投入决策。如果设计的监测方案和计划缺少文件说明的指导，管理者不明白设计的依据，而监测人员操作的主观随意性较大，可能会导致操作运行中产生的变异性甚至大于环境质量的自然变异性。因此，对环境监测项目的方案/计划设计结果，要用规范的文件来说明。

11.2　设计中间成果

设计中间成果应按照标准操作程序，列出各步的成果输出，为最终撰写监测方案/计划设计文件说明提供材料。

11.3　环境监测设计文件说明主要内容

执行完标准操作程序后，应综合各步的输出成果，撰写监测设计文件说明。监测设计文件说明应涵盖规划设计的全部成果，并附上必要的背景资料。

框图 11-1 为环境监测设计报告的主要章节内容，实际使用中可增设或删减，对于复杂的大型监测项目，有关章节内容可根据需要单独编制成册。

框图 11-1

××环境监测（项目）设计报告

1　总论

　1.1　任务来源

　1.2　法律规定分析

　1.3　技术依据

　1.4　环境信息的需求和期望

　1.5　实施项目的管理结构

2　环境问题阐述

　2.1　区域历史数据回顾环境特征

　2.2　主要的环境问题

　2.3　环境问题的概念模型

　2.4　环境监测目标

　2.5　解决问题的说明清单

3　可利用的监测资源评估

　3.1　可利用的资源

　3.2　监测的最后期限

　3.3　存在的限制采样的因素

　3.4　监测的技术经济分析

4　监测验收执行的评估方法和标准

　4.1　数据的预期用途

　4.2　评估方法

　4.3　数据质量验收标准

5　监测方案设计

　5.1　监测范围

　5.2　监测参数

　5.3　采样站点

　5.4　采样频率和时间

　5.5　采样策略

6　监测计划

　6.1　实施监测项目的运作程序

　6.2　采样

　6.3　实验室测量

　6.4　数据处理和传递

6.5　数据评价

6.6　评价报告编制

6.7　信息利用

6.8　实施进度安排

6.9　人员安排

6.10　成果传递和管理

7　监测方案反馈和优化

7.1　监测方案的评估验收

7.2　反馈机制

7.3　监测方案的优化

8　其他信息

其他需要补充的信息

9　附件

附上相关参考文献、资料或其他证明材料

参考文献

1. 陈必红．观测过程理论．北京：电子工业出版社，2007.
2. 范志杰，宋春印．海洋环境污染生物监测及其方案的设计研究（续）．交通环保，1994，16（2）：12-22.
3. 范志杰，宋春印．海洋环境污染生物监测及其方案的设计研究．交通环保，1994，16（1）：3-10.
4. 范志杰．海洋环境监测设计理论的探讨．海洋环境科学，1995（9），14（3）：1-106.
5. 范志杰．海洋环境污染监测方案设计研究．环境科学进展，1994（8），2（4）：46-66.
6. 范志杰，马永安．海洋环境监测的功能．交通环保，1995，17（5）：1-54.
7. 傅秀梅，王长云．海洋生物资源保护与管理．北京：科学出版社，2008.
8. 郭治清，朱华康．水质站网设计与水质采样．北京：中国科学技术出版社，1993.
9. 江志华．环境监测项目监测边界和参数设计方法．环境监控与预警，2014（12），6（6）：30-33.
10. 李宗品．我国的海洋环境监测和管理．海洋环境科学，1991（3），10（1）：50-57.
11. 刘征涛．水环境质量基准方法与应用．北京：科学出版社，2012.
12. 毛祖松．当前海洋监测技术和仪器的发展趋势．气象仪器装备，2003（3）：19-21.
13. 美国环境保护局近海监测处编．河口环境监测指南．范志杰，李宗品，马永安译．北京：海洋出版社，1997.
14. 聂庆华，Keith C. Clarke 编著．环境统计学与 MATLAB 应用．北京：高等教育出版社，2010.
15. 聂庆华．数字环境．北京：科学出版社，2005.
16. 彭文启，张祥伟．现代水环境质量评价理论与方法．北京：化学工业出版社，2005.
17. 邱卫宁，陶本藻，姚宜斌，等．测量数据处理理论与方法．武汉：武汉大学出版社，2008.
18. 沈阳环境监测中心站．环境监测数据质量管理与控制技术指南．北京：中国环境科学出版社，2010.
19. 侍茂崇，等．海洋调查方法．第一版．青岛：青岛海洋大学出版社，2000.
20. 王红瑞，刘昌明．水文过程周期分析方法及其应用．北京：中国水利水电出版社，2010.
21. 王菊英，韩庚辰，张志锋，等．国际海洋环境监测与评价最新进展．北京：海洋出版社，2010.
22. 吴邦灿，齐文启．环境监测管理学．北京：中国环境科学出版社，2004.
23. 许丽娜，王孝强．我国海洋环境监测现状及发展对策．海洋环境科学，2003（2），22（1）：63-68.
24. 杨贤为．气象台站网合理分布概论．北京：气象出版社，1989.
25. 张仁铎．空间变异理论及应用．北京：科学出版社，2005.
26. 张治国．生态学空间分析原理与技术．北京：科学出版社，2007.
27. 郑景明，马克平．入侵生态学．北京：高等教育出版社，2010.
28. 中华人民共和国国家质量监督检验检疫总局，中国国家标准化管理委员会．GB 12763—2007 海洋调查规范．北京：中国标准出版社，2007.
29. 中华人民共和国国家质量监督检验检疫总局，中国国家标准化管理委员会．GB 17378—2007 海洋监测规范．北京：中国标准出版社，2008.

30. 周仰效，李文鹏．地下水监测信息系统模型及可持续开发．北京：科学出版社，2011.

31. ［美］ Joseph E. Flotemersch, James B. Stribling, Michael J. Paul 著．深水型（不可涉水）河流生物评价的概念及方法．刘录三，郑丙辉，汪星译．北京：中国环境科学出版社，2012.

32. ［美］ T. G. Sanders，等著．水质监测站网设计．金立新，等译．南京：河海大学出版社，1989.

33. Juan Carlos Belausteguigoitia, 因果链分析与根本原因：全球国际水域评估（GIWA）方法．王健译．AMBIO-人类环境杂志, 2004（2）, 33（1-2）：6-10.

34. Beanlands, G. E. and P. N. Duinker. Lessons from a decade of off shore environmental impact assessment. Ocean Manage. 1984, 9：157-175.

35. Berthouex P M, Brown L C. Statistics for Environmental Engineers. 2nd ed. Lewis Publishers, CRC Press LLC, 2002.

36. USEPA. Guidance for the Data Quality Objectives Process. EPA, QA/G-4. EPA/600/R-96/005. Office of Research and Development, U. S. Environmental Protection Agency, Washington, D. C, 1994.

37. U. S. Environmental Protection Agency. Guidance on Choosing a Sampling Design for Environmental Data Collection for Use in Developing a Quality Assurance Project Plan (EPA QA/G-5S) EPA/240/R-02/005 United States Environmental Protection Agency. Office of Environmental Information. Washington, DC.